教育部推荐用书　中等职业教育计算机专业系列教材

Flash CS3 基础与实例教程

中等职业教育计算机专业系列教材编委会

主　编　吴万明　叶巍峨

编　者（以姓氏笔画为序）

吴万明　骆地美

叶巍峨　唐智慧

重庆大学出版社

内 容 提 要

本书借鉴了中国——澳大利亚职教合作的先进经验，以Adobe Flash CS3中文版为平台，详细讲述了Adobe Flash CS3中文版动画设计的相关知识。全书由9个模块组成，每个模块包括2~4个任务，采用知识模块化、操作任务化的模式，通过任务实例的完成，讲述相关操作技能。在总结实例的操作要点和制作技巧基础上，通过“要点提示”讲述相关理论知识和操作命令，避免了从纯理论入手的传统教学模式，同时培养了学生从一个实例掌握一类技能的知识迁移能力。

本教材由浅入深地全面讲解了Flash CS3的各种功能和操作技巧，结合大量实例，重点讲述了逐帧动画、形变动画、运动动画、遮罩动画、引导动画、交互动画、特效动画、脚本动画，动画游戏等的制作及动漫行业的相关知识和技能。步骤详细，重点突出，最后通过综合实例介绍制作Flash动画短片的实战技巧和常用技能，使读者进一步了解Flash动画的基本制作流程和应用领域。

图书在版编目(CIP)数据

Flash CS3基础与实例教程/吴万明，叶巍峨主编.—重庆：重庆大学出版社，2009.8
（中等职业教育计算机专业系列教材）
ISBN 978-7-5624-4991-1

Ⅰ.F… Ⅱ.叶… Ⅲ.动画—设计—图形软件，Flash CS3—专业学校—教材 Ⅳ.TP391.41

中国版本图书馆CIP数据核字(2009)第132667号

教育部推荐用书
中等职业教育计算机专业系列教材
Flash CS3基础与实例教程
中等职业教育计算机专业系列教材编委会
主编 吴万明 叶巍峨

责任编辑：王海琼 文力平 版式设计：莫 西
责任校对：谢 芳 责任印制：赵 晟

*

重庆大学出版社出版发行
出版人：张鸽盛
社址：重庆市沙坪坝正街174号重庆大学（A区）内
邮编：400030
电话：（023）65102378 65105781
传真：（023）65103686 65105565
网址：http://www.cqup.com.cn
邮箱：fxk@cqup.com.cn（营销中心）
全国新华书店经销
重庆川渝彩色印务有限公司印刷

*

开本：787×1092 1/16 印张：13.25 字数：324千
2009年8月第1版 2009年8月第1次印刷
印数：1—5 000
ISBN 978-7-5624-4991-1 定价：29.50元（含1CD）

序 言

进入21世纪，随着计算机科学技术的普及和发展加快，社会各行业的建设和发展对计算机技术的要求越来越高，计算机已成为各行各业不可缺少的基本工具之一。在今天，计算机技术的使用和发展，对计算机技术人才的培养提出了更高的要求，培养能够适应现代化建设需求的、能掌握计算机技术的高素质技能型人才，已成为职业教育人才培养的重要内容。

按照“以就业为导向”的办学方向，根据国家教育部中等职业教育人才培养的目标要求，结合社会行业对计算机技术操作型人才的需要，我们在调查、总结前些年计算机应用型专业人才培养的基础上，重新对计算机专业的课程设置进行了调整，进一步突出专业教学内容的针对性和实效性，重视对学生计算机基础知识的教学和对计算机技术操作能力的培养，使培养出来的人才能真正满足社会行业的需要。为进一步提高教学的质量，我们专门组织了有丰富教学经验的教师和有实践经验的行业专家，重新编写了这套中等职业学校计算机专业教材。

本套教材编写采用了新的教育思想、教学观念，遵循的编写原则是：“拓宽基础、突出实用、注重发展。”为满足学生对计算机技术学习的需求，力求使教材突出以下几个主要特点：一是按专业基础课、专业特征课和岗位能力课三个层面设置课程体系，即：设置所有计算机专业共用的几门专业基础课，按不同专业方向开设专业特征课，同时根据专业就业所要从事的某项具体工作开设相关的岗位能力课；二是体现以学生为本，针对目前职业学校学生学习的实际情况，按照学生对专业知识和技能学习的要求，教材在编写中注意了语言表述的通俗性，以任务驱动的方式组织教材内容，以服务学生为宗旨，突出学生对知识和技能学习的主体性；三是强调教材的互动性，根据学生对知识接受的过程特点，重视对学生探究能力的培养，教材编写采用了以活动为主线的方式进行，把学与教有机结合，增加学生的学习兴趣，让学生在教师的帮助下，通过活动掌握计算机技术的知识和操作的能力；四是重视教材的“精、用、新”，根据各行各业对计算机技术使用的需要，在教材内容的选择上，做到“精选、实用、新颖”，特别注意反映计算机的新知识、新技术、新水平、新趋势的发展，使所学的计算机知识和技能与行业需要相结合；五是编写的体例和栏目设置新颖，易受到中职学生的喜爱。这套教材实用性和操作性较强，能满足中等职业学校计算机专业人才培养目标的要求，也能满足学生对计算机专业技术学习的不同需要。

为了便于组织教学，与教材配套有相关教学资源材料供大家参考和使用。希望重新推出的这套教材能得到广大师生喜欢，为职业学校计算机专业的发展做出贡献。

中等职业学校计算机专业教材编委会
2008年7月

前 言

Adobe Flash CS3是Adobe公司收购Macromedia公司后将享誉盛名的Macromedia Flash更名为Adobe Flash后的一款动画软件。它具有独特的矢量图形绘制方式和强大的互动程序编辑功能,并对多种图形文件、视频文件、音频文件格式广泛支持。

本书结合目前中职计算机专业、计算机动漫专业、游戏专业学生的特点，并借鉴了中国——澳大利亚职教合作的先进经验,以Adobe Flash CS3中文版为平台，详细讲述了Adobe Flash CS3在流媒体动画方面的应用。

本书具有以下特点:

1.本书采用知识模块化、操作任务化的模式，通过具体任务的完成，在总结任务的操作要点时引出相关的理论知识，避免了从纯理论入手的传统教学模式。

2.本书以实例为基础，但并不是纯实例教学，是在总结每个实例的基础上引出该软件的菜单命令和相关应用，从而培养学生运用技能的知识迁移能力。

3.在任务难度的编排上，遵循了先易后难的原则，从难度最小的“欣赏动画”到难度较大的MTV制作、公益广告等动画短片制作，梯度合理。

4.在讲述实例的同时，用“本案例适用范围”的方式，引导学生利用该实例的相关技能，扩大知识的应用方向。

本书的每个模块由1~4个任务组成，每个任务的包含以下几个部分:

【任务概述】 简述本任务要完成的具体任务及涉及的相关知识点。

【实例欣赏】 本任务完成后的动画实例效果欣赏。

【本实例适用范围】 任务中实例在相关行业的应用。

【操作步骤】 本任务实例的具体完成步骤。

【要点提示】 总结实例的制作步骤和要点、相关的菜单命令和相关知识的技巧和应用。

【知识窗】 讲述与本任务实例及知识相关的动漫行业知识。

【想一想】 启发学生对本实例知识的回顾和总结。

【自我测试】 帮助学生思考、理解和消化本任务的知识点。

当读者系统学习本书之后，不仅全面掌握了Adobe Flash CS3软件的基本用法，还学会了逐帧动画、形变动画、运动动画、遮罩动画、引导动画、交互动画、特效动画、脚本动画，动画游戏等的制作及动漫行业的相关知识和技能。

5.本书配套资料丰富。

为方便教学，作者为本书提供了如下资料：

◇实例和自我测试的动画制作所需的素材、源文件和发布文件。

◇多媒体课件：每个任务的多媒体教学课件。

◇自我测试的参考答案。

在本书的配套光盘中有“实例和自我测试的动画所需的素材、源文件和发布文件”，“多媒体课件”和“自我测试的参考答案”在重庆大学出版社的资源网站（www.cqup.com.cn，用户名和密码：cqup）下载。

本书模块一、模块二和模块九的“任务三”由重庆渝中高级职业学校的叶巍峨老师编写，模块三、模块五和模块九的“任务一”由重庆市南川隆化职业中学校的骆地美老师编写，模块四、模块八和模块九任务四由重庆工商学校的唐智慧老师编写，模块六、模块七和模块九的“任务二”由重庆市九龙坡区职业教育中心的吴万明老师编写。全书由重庆市九龙坡职业教育中心吴万明老师统稿并定稿。本书由重庆市计算机中心教研组文力平老师担任主审，同时得到了重庆市教科院、重庆大学出版社的大力支持和帮助，在此一并致以衷心感谢!

本书可作为中等职业学校计算机专业、动漫、游戏专业的Flash课程教材，也可作为计算机培训学校的培训教材，同时也可作为广大Flash爱好者的自学参考书。

由于时间有限，书中不妥之处在所难免，恳请读者不吝指教。

联系邮箱：ylnxwwm@163.com

编　者

2009年6月

目 录

模块一

初识Flash CS3

模块综述

Adobe Flash CS3 Professional是Adobe公司推出的功能强大、性能稳定的二维动画制作软件，是网页动画、游戏动画、电影电视动画、手机动画的主要制作工具之一。本模块我们将从欣赏一个完整的动画短片入手，介绍二维动画制作的基本步骤，Flash CS3中文版的操作界面，动画文件的建立、制作、发布流程等，并通过一个“七彩动感相框制作”实例的讲解，逐步带你进入Flash CS3的动画制作领域。

学习完本模块后，你将能够：

- 了解二维动画的制作流程；
- 了解Flash CS3制作动画的基本步骤；
- 掌握Flash CS3中文版的工作界面；
- 掌握Flash CS3动画文件的建立、编辑与发布过程。

任务一 走进动画城

任务概述

一部优秀动画片的制作，不是一个人或一群人拍脑袋的空想创作，而是一个系统工程，一个有组织的集体创作结果。本任务通过对一个动画片欣赏来讲述动画的制作流程及制作动画的常用软件。

做一做 播放动画

双击“素材\模块一\欣赏.swf”文件，你将会看到如下画面的动画，边欣赏边想想下面的问题。

（1）这是动画片吗？表达了怎样的思想？

（2）动画中有主角和故事情节吗？

要点提示 Flash制作二维动画的步骤

无论多么大型和复杂的动画片都是由一个个小动画组成的，人物表情、环境变化等都是由许多小动画生成的，中职学生在动画公司的工作通常就是去制作完成情节的小动画，如眨眼、挥手、抬脚等小动作动画。制作这些小动画的软件很多，目前二维动画中常用的软件是Flash CS3。

使用Flash CS3制作动画的主要步骤如下:

(1)创建新文件，设置场景大小——新建一个影片文件，根据脚本安排动画的展现方式，包括播放画面的大小。

(2)插入动画成员——绘制各种图形、导入图形文件、制作动画元件等，然后把它们安排到影片中。

(3)设置动画效果——就是让动画成员(元素)动起来。

(4)测试动画效果——在制作过程中，随时测试动画效果是否达到要求，以便随时修改。

(5)保存文件——这是很重要的一步，如果不保存，退出Flash后就无法再现已经付出的工作成果。

(6)输出动画——这是拓展Flash动画的必要步骤，通过发布设置功能可以把Flash动画导出成其他的格式。

知识窗

1.一个完整动画短片的主要制作流程

①题材策划；②设计故事梗概；③角色设计、主场景设计；④样片制作；⑤融资；⑥剧本创作；⑦分镜头创作；⑧原画设计；⑨修形；⑩动画；⑪作检；⑫扫描；⑬上色；⑭草表输出；⑮构图设计；⑯背景上色(⑧～⑭和⑮～⑯是同时进行的)；⑰合成；⑱非线编辑；⑲音乐和配音；⑳输出播出带。

2.动画的基本原理

动画的基本原理是利用人的“视觉暂留”原理，当人们看到一个物体时，即使它只闪现千分之一秒，在人的视觉中也会停留大约十分之一秒的时间，这就是人的“视觉暂留”特性。利用这一原理，快速地连续播放具有细微差别的图像，就会在人脑中产生物体在“运动”的效果，使原来静止的图像运动起来。电影胶卷的拍摄和播放速度是24帧/s画面，比视觉暂存的1/10 s短，因此看起来是活动的画面，实际上这些“活动”画面是由一系列静止图像组成的。

3.计算机与动画制作

计算机应用于动画制作之前，动画中所有的图片都是由人工绘制的(也称“原画”)。在传统动画制作中，通常由主动画师绘制关键性的图片，关键性图片之间的过渡图片由其他动画助理人员绘制，这样的制作过程工作量非常大。为了节省资源和提高动画制作速度，引入了计算机动画制作功能，使动画的制作过程大大简化，主要体现在以下方面:

（1）使用计算机制作动画最大的优点是采用了关键帧（关键帧的概念将在模块四中讲述）。关键帧相当于传统动画制作中的关键性图片，动画制作人员只需要制作一个动作的起始和终止两个关键帧，它们之间的过渡部分由计算机自动生成。这时制作人员相当于传统动画制作中的主动画师，而计算机相当于主动画师助理人员，从而大大减少了绘制工作量。

（2）监控动画进程，随时进行修改。

（3）对象采用分层管理方法。动画中各种对象分别放置在不同的图层中，这样对其中一个对象进行修改时不会影响到其他对象。

（4）各种图片、文字、动画片段等元件可以重复使用（动画元件的利用，将在模块三中讲述）。

（5）在着色方面具有色界线准确、速度快、不窜色、色彩修改方便，各种颜色互不影响等优点。

任务二　走进 Flash CS3

任务概述

本任务学习Adobe Flash CS3的启动，了解它的界面和动画文件的生成过程，为后续学习打下基础。

做一做　初探Flash CS3的运行

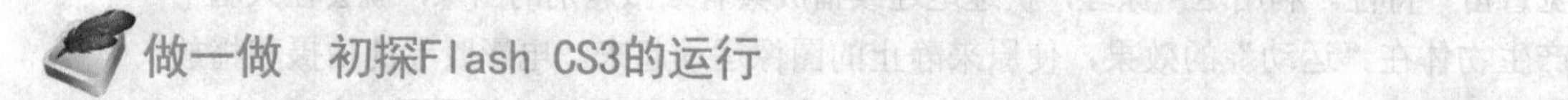

操作步骤

（1）在安装好Flash CS3后，通过“开始\程序\Adobe Flash CS3\Adobe Flash CS3”启动Flash CS3，首先显示在用户面前的是它的启动界面（即Flash CS3的开始页），如下图所示。

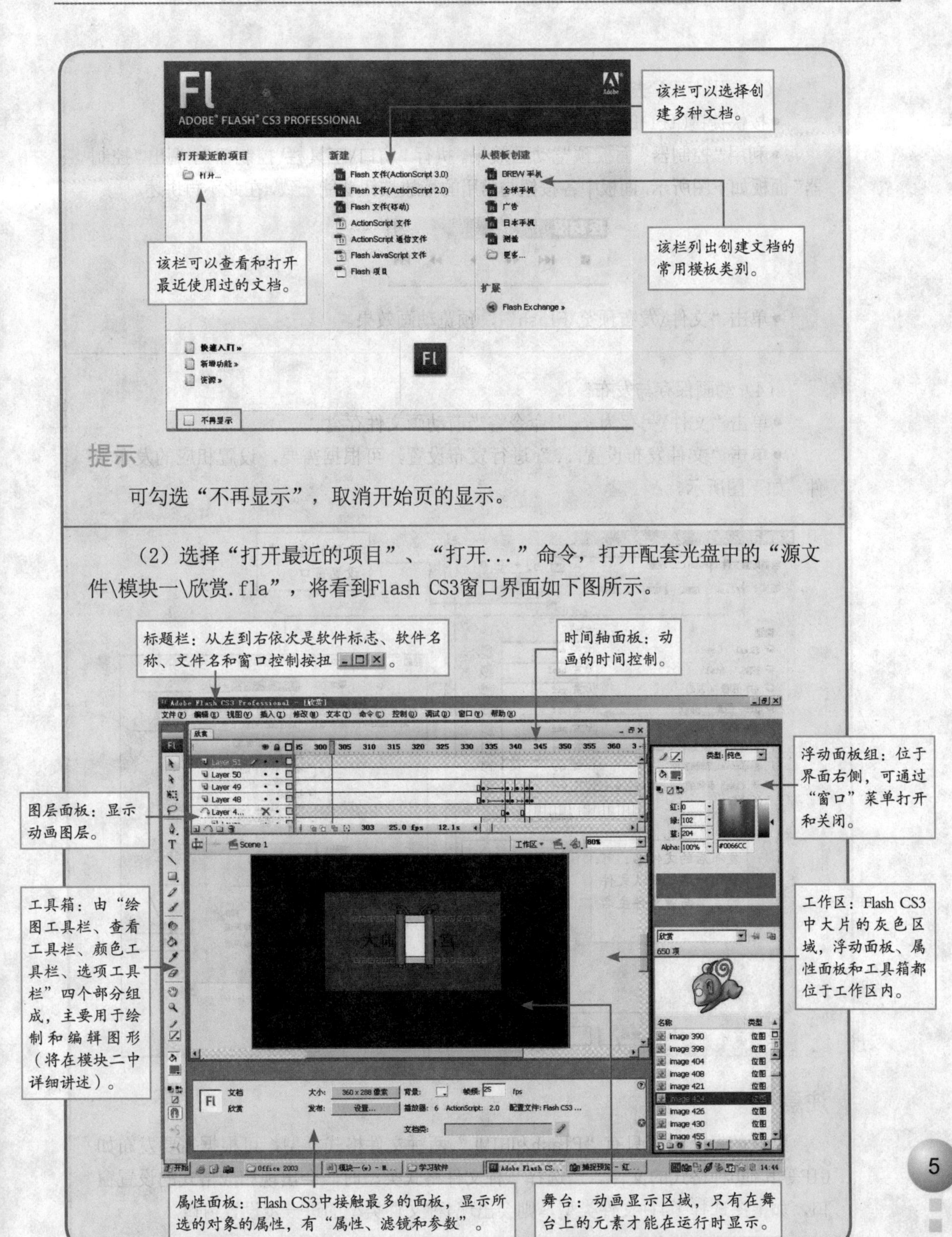

提示

可勾选“不再显示”，取消开始页的显示。

（2）选择“打开最近的项目”、“打开...”命令，打开配套光盘中的“源文件\模块一\欣赏.fla”，将看到Flash CS3窗口界面如下图所示。

（3）用以下方法预览动画效果。

●按快捷键Ctrl+Enter预览动画效果。

●利用“控制器”面板预览动画效果。执行“窗口\工具栏\控制器”，调出“控制器”面板如下图所示，面板中各按钮与常用的播放按钮功能一致，在此不再讲述。

●单击“文件\发布预览\Flash”，预览动画效果。

（4）动画保存与发布。

●单击“文件\另存为...”命令将当前动画文件存盘。

●单击“文件发布设置...”进行发布设置，可根据需要，设置相应的发布文件，如下图所示。

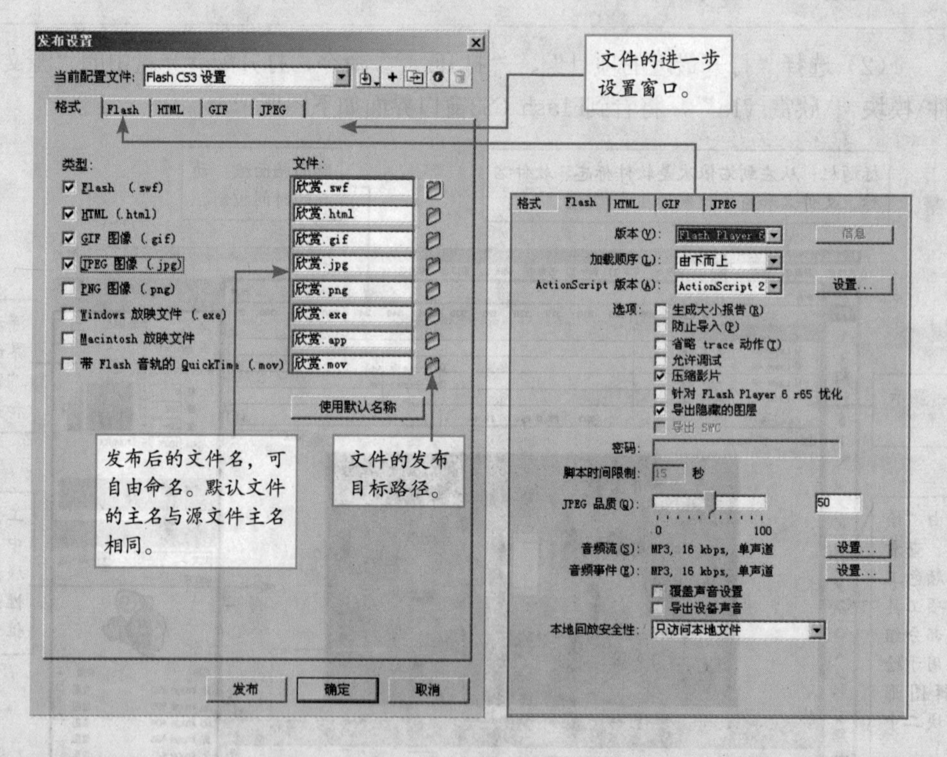

注意

默认的发布设置只有“Flash和HTML”两种文件格式类型，可根据需要发布如GIF等其他6种格式的文件。当选择一种文件格式类型时，会出现相应格式的设置窗口，如上图选择了4种文件类型，则会出现4种文件类型的进一步设置窗口。

（5）发布文件与分析。当设置好发布窗口后单击“发布”按钮，观察源文件所在的文件夹，会发现发布后系统自动生成了相应类型的文件如下图所示。

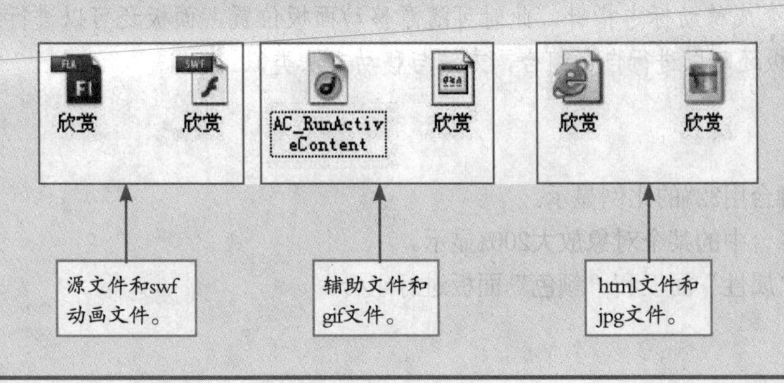

要点提示

1.舞台操作

为了更好地查看或绘制图像，常常需要对舞台进行缩放和平移。

（1）缩放舞台：要在屏幕上查看整个舞台，或要查看绘图的特定区域，此时需要对舞台进行缩放操作，最大的缩放比率取决于显示器的分辨率和文档大小，舞台上的最小缩小比率为8%，最大放大比率为2 000%。缩放舞台或元素有3种常用方法。

- 可通过缩放比率来实现，如单击 100% 下拉按钮实现。
- 利用“Ctrl”+“+”键放大，“Ctrl”+“-”键缩小。
- 利用工具 放大， 缩小。

（2）平移舞台：放大了舞台以后，可能无法看到整个舞台。要在不更改缩放比率的情况下变更视图，可以使用“手形” 工具移动舞台。操作方法如下：在“工具”面板中，选择“手形”工具可进行上下左右平移舞台，可查看需要的舞台内容。若要临时在其他工具和“手形”工具之间切换，按住空格键即可。

2.界面风格

Flash CS3提供了多种界面风格供使用者选择，执行“窗口\工作区”，可以设置界面的风格为：

（1）默认风格：启动Flash CS3时的默认风格。

（2）图标和文本默认风格：将浮动面板用图标和文本的方式展示，比默认风格的操作界面大。

（3）仅图标默认风格：只用图标展示浮动面板，此种界面风格适用于专业人士，操作界面最大。

3.浮动面板的位置调整

在Flash CS3中各种面板都可以按用户所需对位置进行调整，将鼠标指向面板左上角移动位置时会变成移动标志指针，此时可随意移动面板位置，面板还可以进行折叠和展开。不同的面板还可以进行自由组合，方法与移动方法类似。

练一练

（1）将舞台用32%的比例显示。

（2）将舞台中的某个对象放大200%显示。

（3）将“属性”面板和“颜色”面板进行组合。

知识窗

世界上最早的动画片是迪斯尼制片厂在1941年拍摄的《幻想曲》，万籁鸣和他的弟弟万古蟾、万超尘、万涤寰（万氏兄弟）在极其艰难的条件下，于1926年摄制了中国第一部无声动画片《大闹画室》，揭开了中国动画史的首页。紧接着在1930年又摄制出《纸人捣乱记》。20世纪40年代，万氏兄弟创作了中国第一部有声动画片《铁扇公主》，放映时间长度为世界第四，引起轰动。

任务三　制作七彩动感相框

任务概述

在本任务中通过多层动感画框制作的讲述，让学生了解Flash CS3的常用操作及工具的基本应用。

实例欣赏

打开“模块一 \素材\七彩相框.swf”，将会看到一个不同常规的七彩动感画框在图像的边缘运动。

本案例适用范围

动漫相册边框制作、网页过渡颜色制作、游戏转场效果制作。

操作步骤

（1）新建一个Flash CS3(Action script2.0)文件，设置影片属性如下图所示。

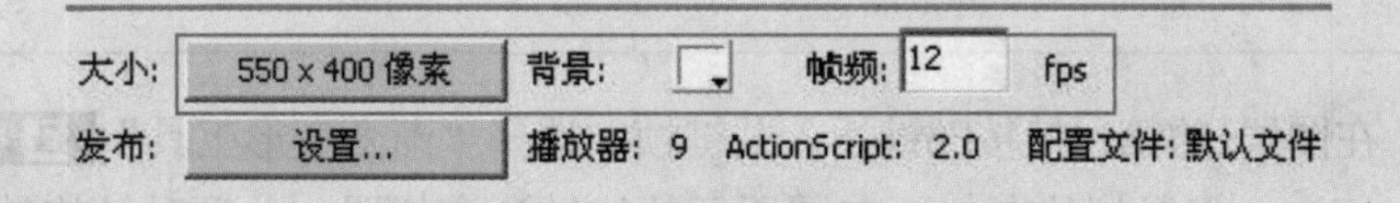

（2）执行“文件\保存”命令，选择保存位置输入文件名“七彩相框”后单击“确定”按钮。

（3）执行“视图\网格\显示网格”命令显示网格，再执行“视图\网格\编辑网格...”，对网格进行如下图所示的设置。

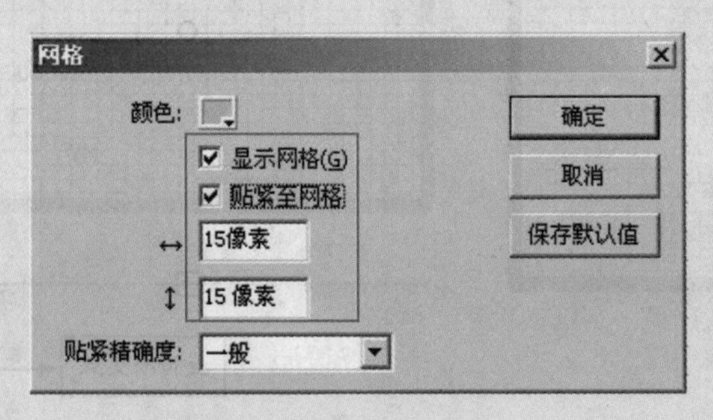

（4）选择“矩形工具”，将填充色设置为“无”，边框色设置为七彩色，笔触设置为“15”，属性面板如下图所示。

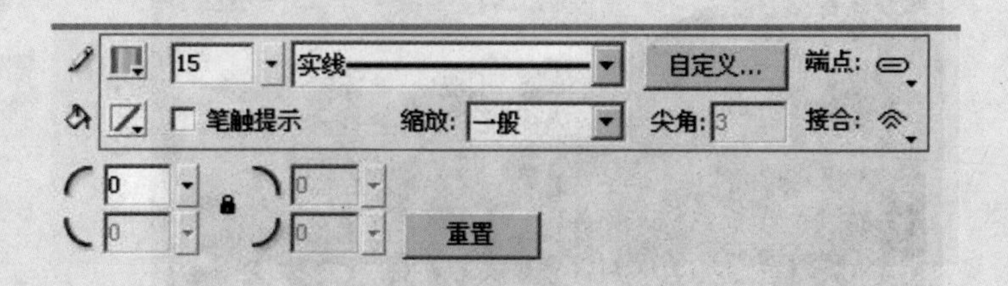

（5）沿着网格线，从左上角开始向右下角拖出一个空心矩形，如下图所示。

（6）在图层1的第10帧按F6键插入关键帧，选择“渐变变形工具”（快捷键：F），将鼠标移向如下左图所示的旋转渐变位置，并顺时针旋转90°，即拖动到边框正下方位置，如下右图所示。

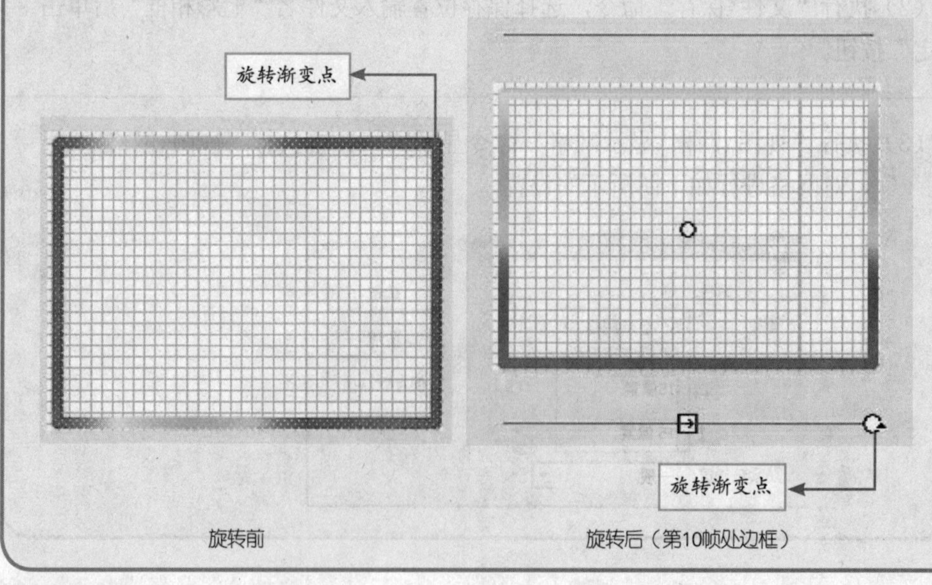

旋转前　　旋转后（第10帧处边框）

（7）在图层1的第20帧处按F6键插入关键帧，继续利用“渐变变形工具”，将此帧处的边框颜色渐变，再顺时针旋转90°，即左边框位置，如右图所示。

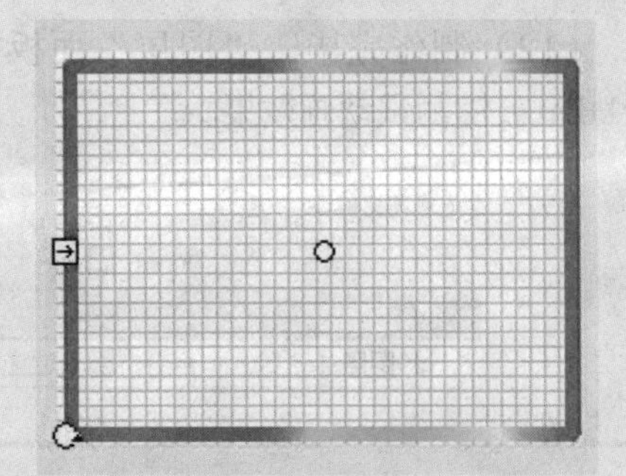

（8）在图层1的第30帧处按F6键插入关键帧，继续利用“渐变变形工具”，将此帧的边框颜色渐变，再顺时针旋转90°，即上边框位置，如右图所示。

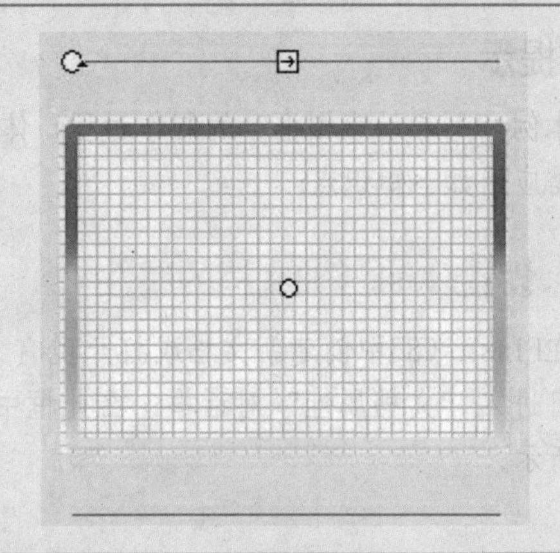

（9）单击图层1的第1帧，按住Shift键，再单击图层1的第30帧，则选中1~30帧，指向选中的帧，按鼠标右键，选择“创建形状补间”，如下图所示。

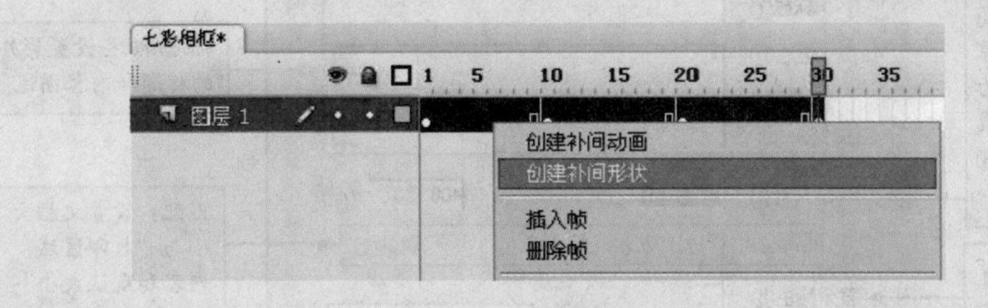

（10）按Ctrl+Enter，将会看到一个色彩变幻的七彩边框制作完成。

（11）新建一个图层2，选择图层2的第1帧，执行“文件\导入\导入到舞台...”命令，将“素材\模块一\风景.jpg”文件导入到舞台，并利用“任意变形工具 任意变形工具(Q)，快捷键：Q”调整大小到边框内，如右图所示。

（12）制作完毕，“图层”面板如下图所示，按Ctrl+S键保存文件，按Ctrl+Enter键测试动画效果。

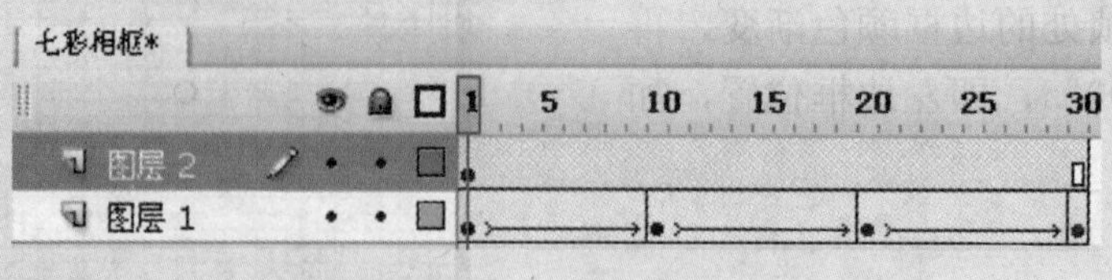

要点提示

本例“七彩动感相框”的制作过程，体现了Flash CS3制作动画的基本步骤和方法。一般需应用如下知识点：

1.设置Flash CS3文档的属性

在Flash CS3中创建新文档或打开现有文档，双击“属性”面板中的“大小设置”按钮，可进入“文档属性”对话框，在此框中可根据需要设置或修改文档的相关属性，如下图所示。

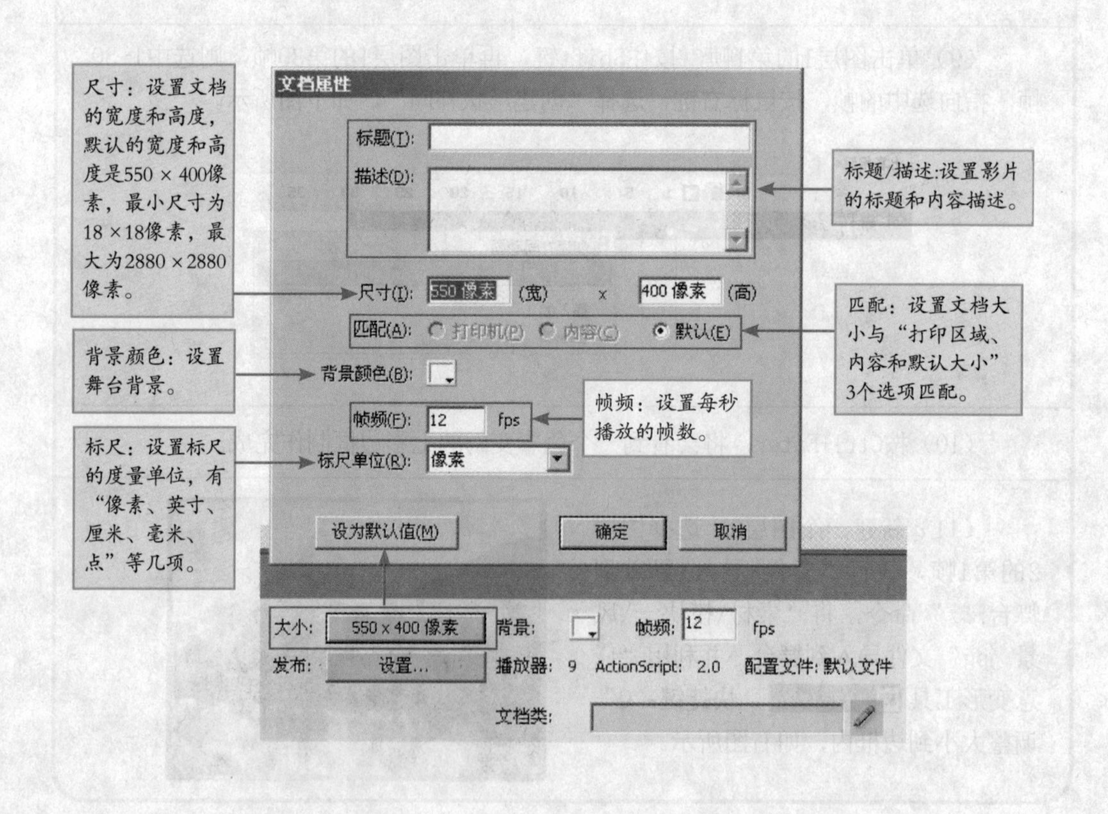

2.Flash CS3中元素的对齐与排列

精确地勾画和排列对象，一般借助于网格、标尺、辅助线和对齐面板。

网格的操作与设置已经在本实例中讲述过，下面介绍标尺、辅助线和对齐面板的相关知识。

（1）标尺:“视图\标尺”命令用来显示或隐藏标尺，“垂直标尺”用来测量对象的高度，“水平标尺”用来测量对象的宽度，左上角为“标尺”的“零起点”，如下图所示。

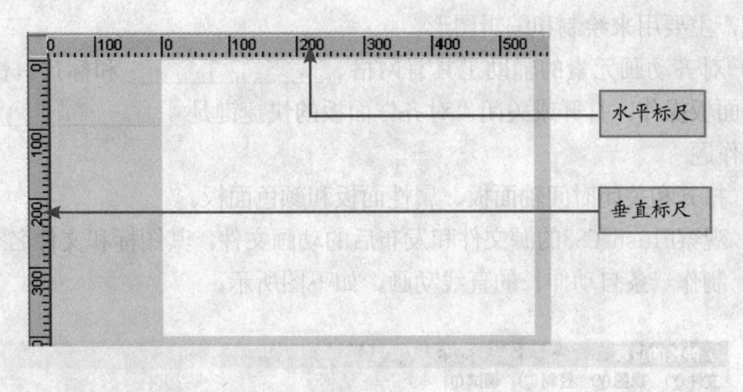

注意

标尺的单位在“文档属性”窗口中设置，前面已经介绍。

（2）辅助线：从“水平标尺”或“垂直标尺”处按下鼠标并拖动到舞台上，“水平辅助线”或者“垂直辅助线”就被制作出来了，“辅助线”默认的颜色为“绿色”。

- 显示或隐藏辅助线：执行“视图\辅助线\显示辅助线”（快捷键：Ctrl+;）命令。
- 编辑辅助线：执行“视图\辅助线\编辑辅助线”命令，可编辑“辅助线”的颜色、“显示辅助线”、“对齐辅助线”和“锁定辅助线”等内容。

（3）对齐面板（快捷键：Ctrl+K）：“对齐”面板能快速地对舞台中的元素和对象进行排列或对齐。在Flash CS3中对齐面板中有“相对于舞台”和“不相对于舞台”两大类18个按钮，34种对齐方式。执行“窗口\对齐”命令将显示“对齐”面板，如下图所示。

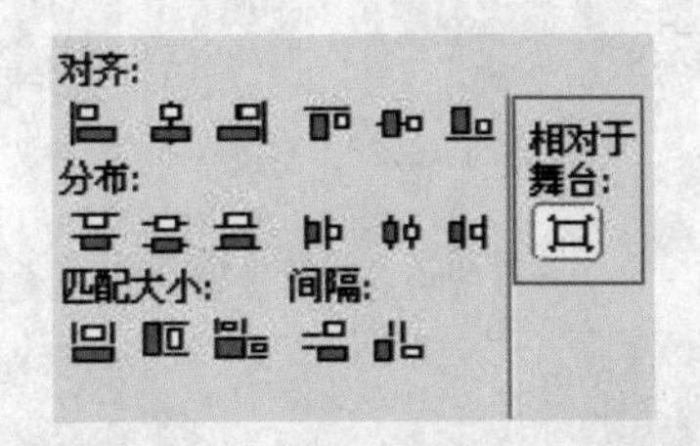

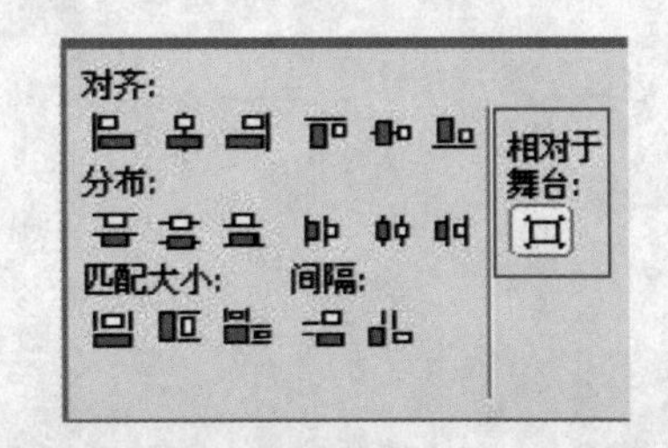

熟练掌握此面板中的各项功能是提高动画制作速度的关键，在今后的实例中我们将讲述相关应用。

自我测试

1. 填空题

（1）Flash CS3文档默认的舞台（场景）大小：宽是________像素，高是________像素，也可根据需要自由设置。

（2）“属性”面板常常和________面板、________面板等浮动面板一起位于舞台的下方。

（3）Flash CS3的工具箱由________、________、________、________4个部分组成，主要用来绘制和编辑图形。

（4）对齐动画元素的辅助工具有网格、____________和标尺。快速对齐常常用“对齐”面板操作，打开或关闭“对齐”面板的快捷键是____________。

2. 操作题

（1）打开和关闭时间轴面板、属性面板和颜色面板。

（2）观察Flash CS3的源文件和发布后的动画文件，其图标和文件名有什么区别？

（3）制作一条自动伸长的直线动画，如下图所示。

操作步骤提示：

首先在第1帧上画一条很短的彩色直线，然后在第15帧处按F6键插入关键帧，在第1帧直线位置画一条很长的彩色直线，最后在第1~15帧处创建“形状补间动画”即可。

模块二

Flash CS3工具的使用

模块综述

本模块通过一个实例“春暖花开”的制作过程，讲述Flash CS3的选取、绘图、编辑、上色和文字工具的基础应用，为以后各模块的学习打下基础。

通过这个模块的学习，你将可以：

- 掌握图像的选取技巧；
- 掌握基本图形的绘制和编辑；
- 掌握图形的上色和修改色彩；
- 制作出具有个性的签名文字。

任务一　美丽蝴蝶——选择工具的使用

任务概述

从一幅幅素材图中提取所需图形，是动画制作中常用的制作动画元素的快速方法，本任务通过“美丽蝴蝶”的实例来教会同学们如何利用Flash CS3的选择工具，从一幅图中提取动画元素的方法和技巧。

实例欣赏

打开“素材\模块二\蝴蝶.swf”，将会看到一只从蝴蝶图片中提取出来的美丽蝴蝶。

本案例适用范围

网页动画元素的提取、游戏角色的快速制作、动漫环境角色的制作

操作步骤

（1）新建一个Flash CS3文档，执行“文件\导入\导入到舞台”，将图片导入到舞台，调整其大小为550×400，如下图所示。

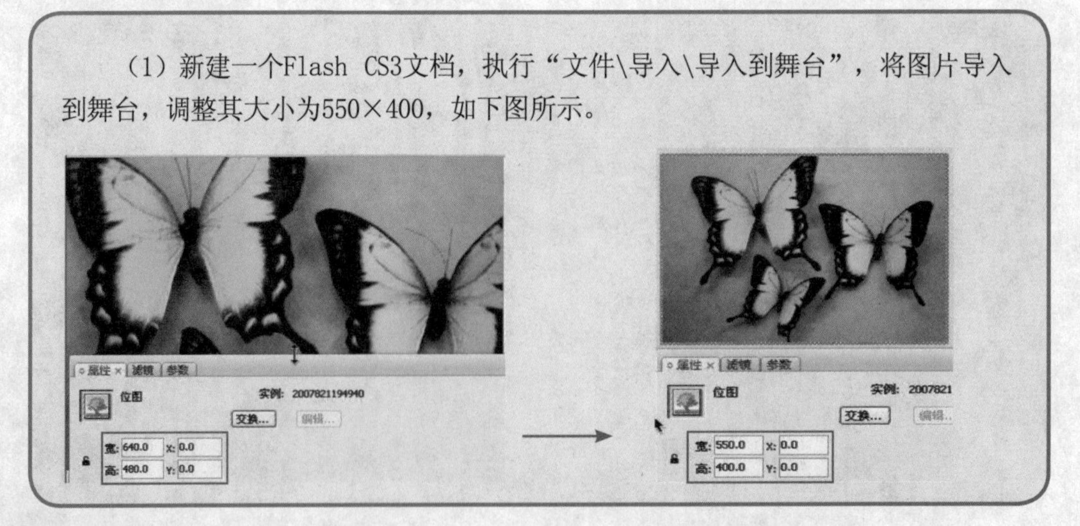

（2）用“选择”工具 （快捷键：V）选中图片，执行“修改\分离”菜单命令或按Ctrl+B快捷键将其分离，如下图所示。

提示

分离后的部分会填充小的亮点。

（3）用“索套”工具 （快捷键：l），在选项中选择魔术棒，并设置阀值为15，点选图中的背景区域，再用Delete键删除，如下图所示。

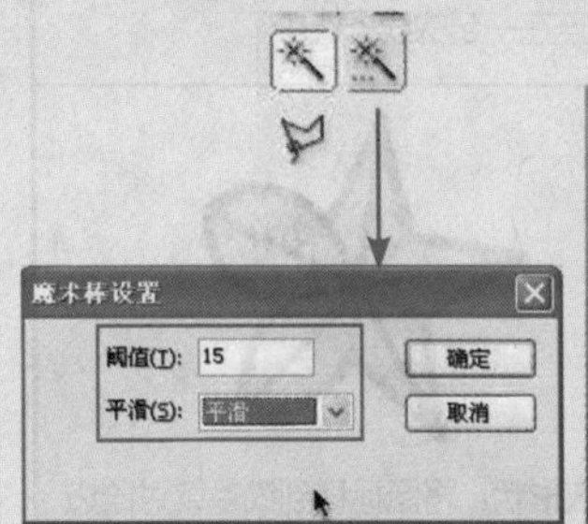

（4）再用“索套”工具的“多边形模式”对不需要的部分进行套选，再删除，如下图所示。

（5）提取完毕，单击“控制\测试影片”命令或按Ctrl+Enter键测试提取后的效果图，按Ctrl+S键保存文件。

要点提示

选择对象是对一切元素进行编辑的前提，如本例就是利用Flash CS3的选择工具来完成制作的。在Flash CS3中，选择对象的工具主要有“选择”工具、“部分选择”工具和“套索”工具，灵活地运用它们对提高动画角色制作速度十分重要。

1.选择工具

选择工具是一种最常用的工具，如下表所示。“选择工具”按钮的主要功能是选择对象，以便对对象进行操作。对象被选中后，选中部分会填充小的亮点。

 选取单一对象：单击鼠标左键即可选取单一对象	 选取多个对象：用鼠标拖动选择或按住Shift键再单击所需对象	 选取连续线条：在线条上双击鼠标可以将颜色相同、粗细一致、连在一起的线条选中
 选择对象某区域：按住鼠标左键拖动可拖出一个矩形框，则该矩形框内的区域被选中	 移动对象：用“选择”工具指向已选择的对象，按下鼠标左键并拖动，就可将对象拖到新的位置	 修改形状：将鼠标移到线条或对象边沿附近，鼠标右下角出现小圆弧，按住鼠标左键拖动即可改变形状

2.“部分选择”工具

该工具主要用于调整线条上的节点，改变线条的形状。用“部分选取”工具单击工作区中的曲线，曲线上的节点就显示为空心小点，这时可对线条的节点进行编辑，“部分选取”工具没有选项。

（1）删除节点：选中其中的一个节点，则该节点变成实心小方点，按Delete键删除此节点，如下图所示。

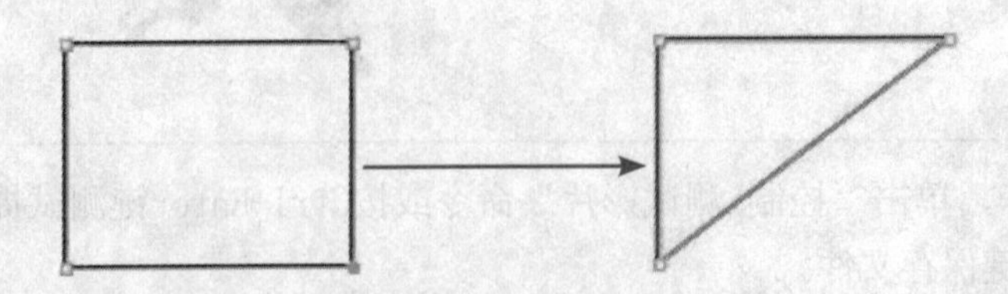

（2）移动节点：用“部分选择”工具箭头拖动任意一个节点，可以将该节点移动到新的位置，如下图所示。

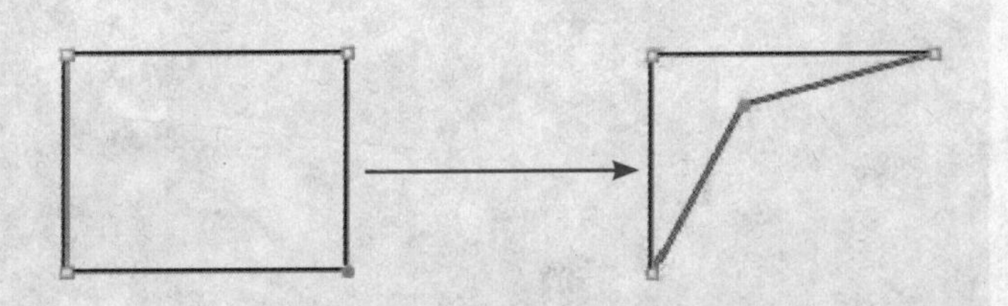

（3）角点转曲线点：按住Alt键可以将角点转成曲线点，还可调节曲线率改变形状，如下图所示。

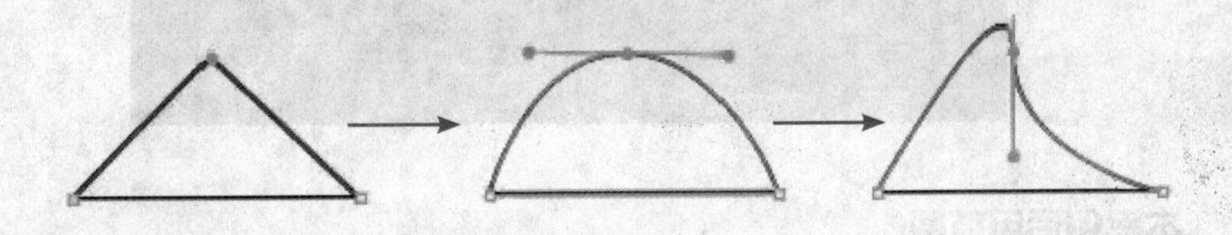

3.“套索”工具

该工具主要作用也是选择对象，与“选择”工具不同的是“套索”工具有“魔述棒”及“多边形”两个选项，因此可用来选取任何形状范围内的对象，而“选择”工具只能拖出矩形的选取范围。

任务二 春暖花开——绘图工具的使用

任务概述

Flash CS3提供了用于图形绘制和编辑的各种工具，让我们从最基本的绘制图形开始，体验Flash的绘图乐趣。本任务主要学习基本绘图工具的使用，完成“春暖花开”图形的制作。

实例欣赏

打开素材光盘中的“春暖花开.swf”文件，将会看到如下春暖花开的画面。

本案例适用范围

游戏场景制作、动漫电子贺卡制作、网页背景制作。

操作步骤

（1）建立文件

新建一个Flash CS3影片文档，设置宽为550像素，高为400像素。

（2）制作树叶

①选择“直线”工具画一垂直直线，用“选择”工具移到直线中间当鼠标箭头尾部出现小弧形时，按住左键拖动直线成弧形。再用“直线”工具在弧线的首尾画一直线，使其形成封闭图形。用同样的方法把它拖成弧形，再在其中间画一直线，同样拖为弧形。此时树叶的外形就构造好了，如下图所示。

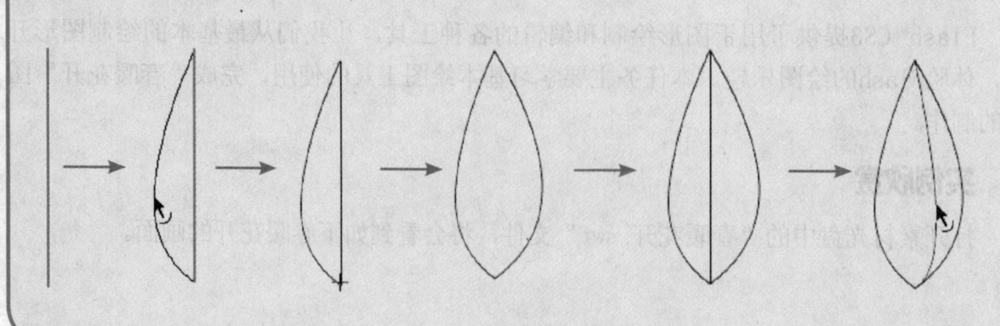

②局部微调。在左边线条的中下部画一短直线，将其分为两段，再用“选择”工具分别向不同方向拖动上下两段线段，以形成如下图所示的形状，最后选中新添加的短线段，按Delete键删除。

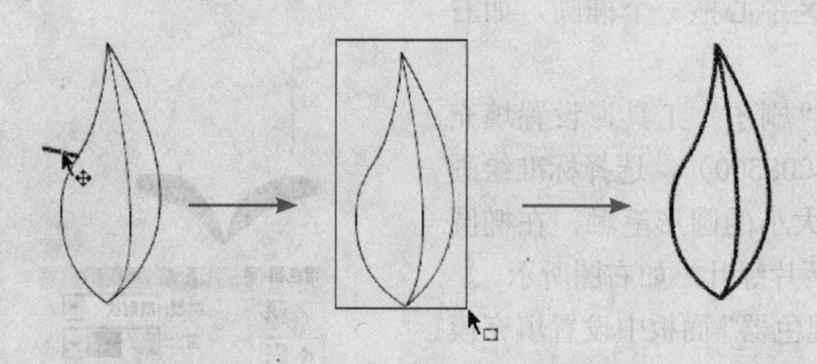

③设置树叶边线颜色。用“选择”工具框选整个树叶轮廓，再单击笔触下拉箭头，在弹出的颜色选框里选择绿色，如下图所示。

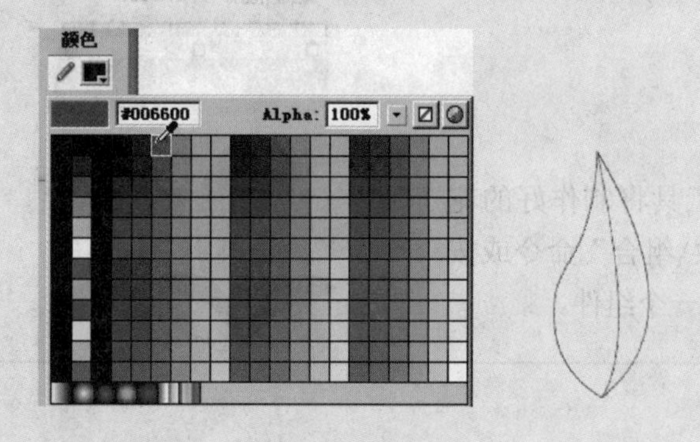

④用“颜料桶”工具给树叶填充颜色，用“墨水瓶”工具绘制树叶的叶脉，如下图所示。

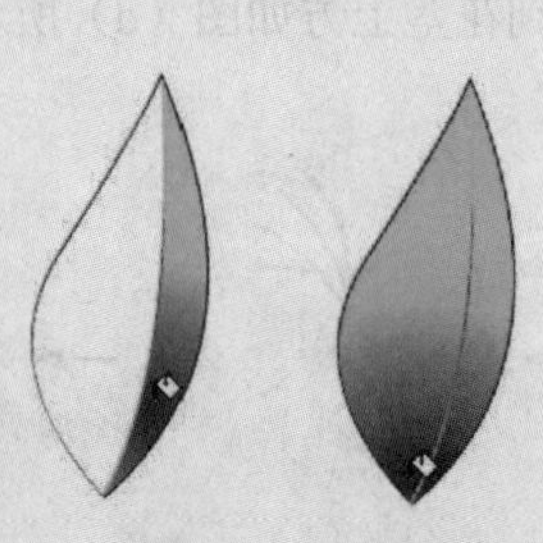

⑤用“选择”工具将制作好的树叶选中，单击“修改\组合”命令，或按Ctrl+G快捷键组合成一个组件。

（3）绘制花蕾

①选择“椭圆”工具，设置笔触颜色为深紫色（#A7007D），无填充色，在编辑区中心拖一个椭圆，如右图所示。

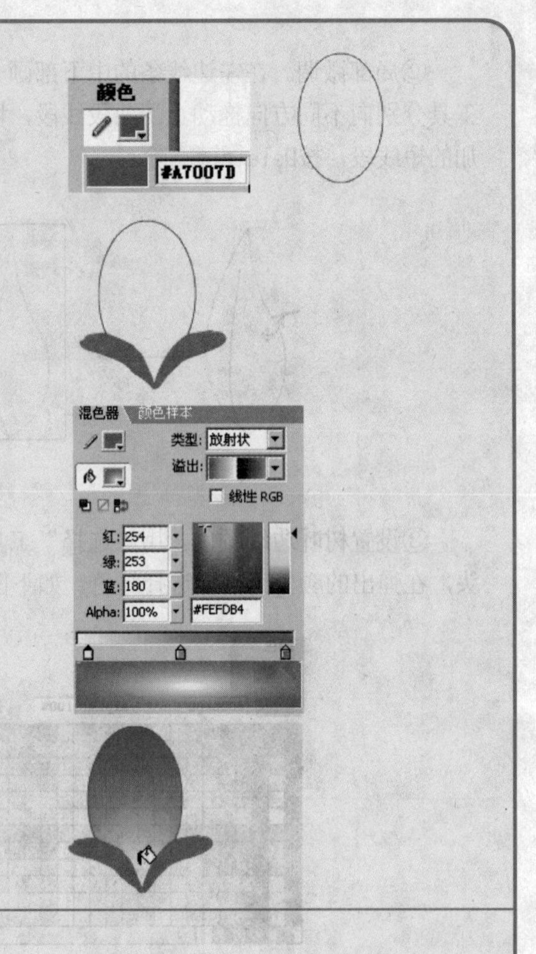

②选择“刷子”工具，设置填充色为绿色（#008500），选择标准绘画模式和中等大小的圆形笔触，在椭圆的下方绘制两片绿叶，如右图所示。

③在“混色器”面板中设置填充模式为放射状，颜色由淡黄到紫色的渐变，如右图所示，再用“颜料桶”工具在椭圆靠下部单击鼠标进行填充，如右图所示。

④用“选择”工具将制作好的花蕾选中，单击“修改\组合”命令或按Ctrl+G快捷键组合成一个组件。

（4）绘制花朵

①利用“椭圆”工具绘制一个小椭圆作为花茎，用“任意变形”工具 进行调整，得到如图（a）所示的形状。

②再用“铅笔”工具在工作区中绘制出如图（b）所示的花朵，用“滴管”工具吸取花茎的填充色，在花朵中心单击鼠标，对花朵进行填充，如图（c）所示。

③将花朵移到花茎上方如图（d）所示。

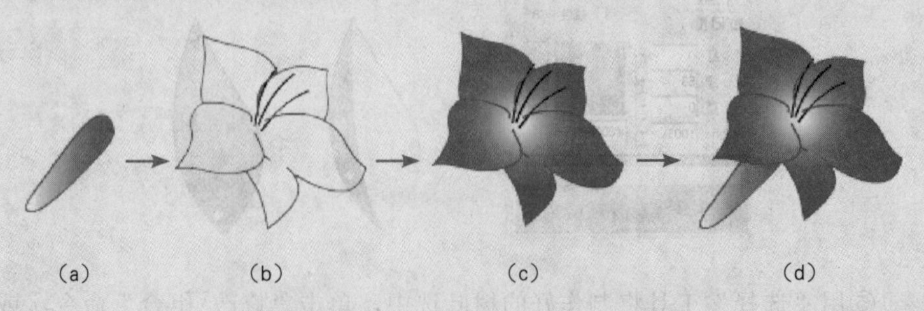

（a）　　（b）　　（c）　　（d）

④用“选择”工具将制作好的花朵选中，单击“修改\组合”命令，或按Ctrl+G快捷键组合成一个组件。

（5）树叶及花朵的组合

①选择“任意变形”工具 后单击舞台中的树叶组件，按下图所示方法调整树叶的形状。

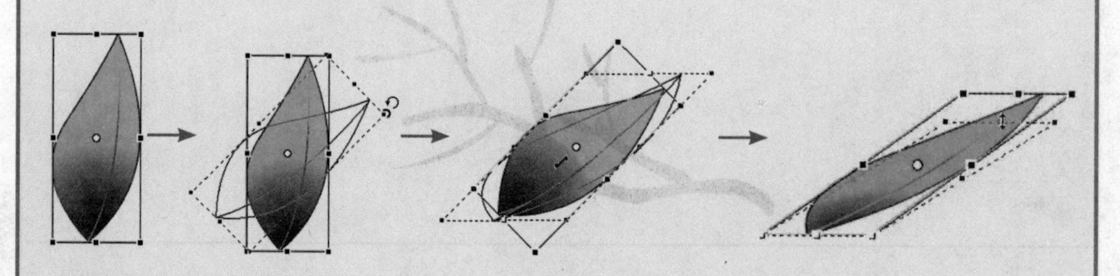

提示

将鼠标置于控制柄的不同位置会有不同的光标形状：

- 鼠标移到角上，会变为旋转箭头，拖动鼠标树叶会产生旋转；
- 鼠标移到边上，会变为旋转与倾斜箭头，拖动鼠标会产生旋转和倾斜变形；
- 鼠标移到控制柄上会变成双向箭头，拖动鼠标可缩放图形大小。

②复制多片树叶，并调整树叶形状和方向，将大小不同、方向不同的树叶组合在一起形成如右图所示效果。

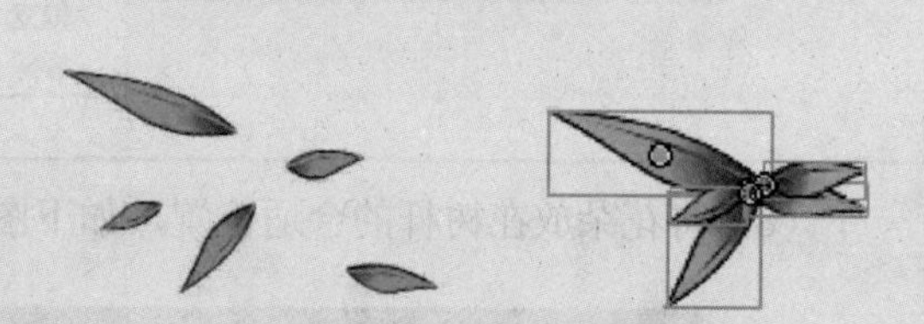

③用同样的方法对花蕾和花朵的大小方向进行调整，并将其调整好的花蕾和花朵移到树叶中间，得到如下图所示的各种花。

（6）绘制树杆。用“刷子”工具绘制如下图所示的树杆。

（7）利用“矩形”工具画一个和舞台大小一样、由蓝色到绿色的上下渐变矩形组件，指着该矩形组件，单击“修改\排列移至底层”命令（如下图所示），将矩形放于所有组件的最下层。

排列(A) ▸		移至顶层(F)	Ctrl+Shift+上箭头
对齐(N) ▸		上移一层(R)	Ctrl+上箭头
		下移一层(E)	Ctrl+下箭头
组合(G)	Ctrl+G	移至底层(B)	Ctrl+Shift+下箭头
取消组合(U)	Ctrl+Shift+G		
		锁定(L)	Ctrl+Alt+L
		解除全部锁定(U)	Ctrl+Alt+Shift+L

（8）将花朵放在树杆的合适位置，如下图所示制作完成。

注意

在此可利用“修改\排列”菜单命令，更改各组件的排序顺序，位于上一层的组件将挡住下层的组件。

要点提示

本实例的制作过程是：先利用基本的绘图工具（如“线条”工具、“形状”工具）绘制物体的轮廓，然后利用着色工具（如“墨水瓶”工具给边框上色，“颜料桶”工具给物体内部上色）给物体上颜色，再利用编辑工具（如“任意变形”工具、“内部变形”工具）对物体的形状、颜色进行改变。对于某些特殊的物体如树杆可直接利用“刷子”工具进行绘制。下面详细介绍Flash CS3中的绘图及编辑工具的知识。

1.线条绘图工具

线条绘图工具包括“直线”工具、“铅笔”工具、“钢笔”工具3种，线条类型可以是实线或多种虚线，共有7种类型。

（1）“直线”工具 ：用于画直线。绘制直线时按住Shift键不放，可以画出水平、垂直或角度45°倍数的直线。

（2）“铅笔”工具 ：用于画线条、形状，通过设置选项，可以对线条进行更笔直或更圆滑的自动调整。使用时按住Shift键不放可以绘制水平和垂直的直线。

（3）“钢笔”工具 ：用于画精细的线条（直线或曲线），按住Shift键不放，可以画出水平、垂直或角度45°倍数的线条。

2.形状工具

Flash CS3中的形状工具包括“矩形”工具、“基本矩形”工具、“椭圆”工具、“基本椭圆”工具和“多角星形”工具，如右图所示。

（1）“矩形”工具和“基本矩形”工具：拖动鼠标可以画矩形，同时按下Shift键可以画正方形。通过设置边框色和填充色选项可以画空心矩形和无边框的矩形，还可以画圆角矩形，“基本矩形”工具是画好矩形再修改边角半径，“矩形工具”是根据设置好的边角半径画矩形。

（2）“椭圆”工具和“基本椭圆”工具：拖动鼠标可以画椭圆，同时按下Shift键可以画圆。通过设置边框色和填充色选项可以画空心椭圆和无边框的椭圆。“椭圆工具”是直接画椭圆，而“基本椭圆”工具可画好椭圆后再修改成扇形，如下图所示。

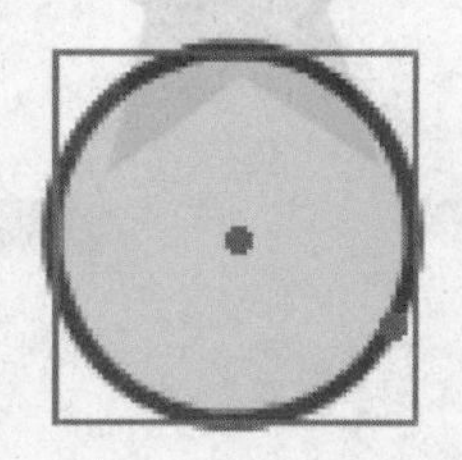
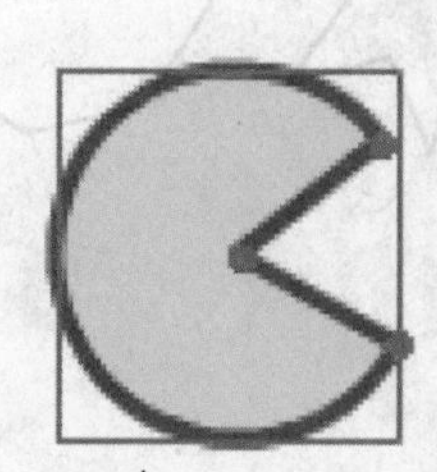

（3）“多角形”工具：使用法与“矩形”工具一致，可通过选项设置画多边形和多角星形。

3.“刷子”工具和“橡皮擦”工具

（1）“刷子”工具：也是绘制图形的常用工具之一，可以选择不同的笔刷尺寸和形状为图形着色，如本例中的树杆绘制。

（2）“橡皮擦”工具：与“刷子”工具有许多相似之处，不同的是“刷子”工具用于涂抹颜色，而“橡皮擦”工具用于擦除颜色。

4.颜色修改工具

在画好对象之后常常需要对其上颜色，在Flash CS3中给物体上颜色的工具有：“颜料桶”工具、“墨水瓶”工具、“滴管”工具等工具，各种工具具有不同的功能，掌握和灵活利用它们是至关重要的。

（1）“颜料桶”工具：改变内部填充区域的色彩属性，选择此工具后鼠标变成形状时直接填充。

（2）“墨水瓶”工具：改变矢量线段、曲线以及图形轮廓的属性，选择此工具后鼠标呈墨水瓶形状时，以当前笔触方式对对象进行描边。

（3）“滴管”工具：将舞台中已有对象的属性赋予给当前绘图工具，可吸取轮廓线、文本和位图对象属性，如本例中绘制花朵的应用。

5.编辑工具

在绘制图形时常需要对图形进行形状、颜色等方面的调整，此时需用编辑工具，在Flash CS3中提供了“任意变形”工具、“填充变形”工具等。使用方法在本例制作树叶及填充花朵已讲述，在此不再细讲。

练一练

绘制如下图形：

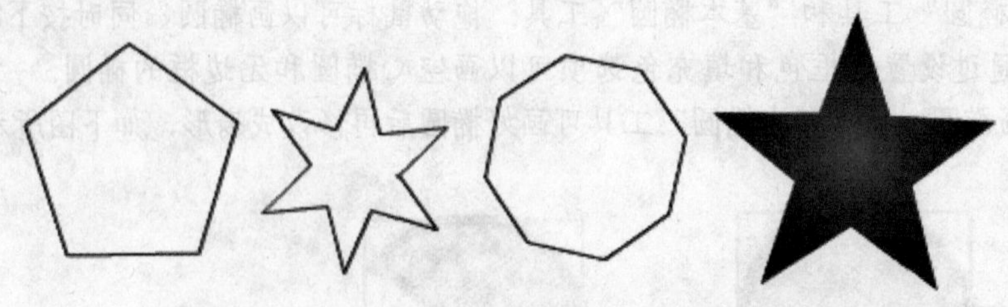

知识窗 色彩的心理效应

不同的颜色会给欣赏者不同的心理感受。

红色：是一种激奋的颜色，能使人产生冲动、愤怒、热情、活力的感觉。

绿色：介于冷暖色之间的中间色，显得和睦、宁静、健康和安全的感觉。它和金黄，淡白搭配，可以产生优雅、舒适的气氛。

橙色：也是一种激奋的颜色，具有轻快、欢欣、热烈、温馨和时尚的效果。

黄色：具有快乐、希望、智慧和轻快的个性，它的明度最高。

蓝色：是最具凉爽、清新、专业的色彩。它和白色混合能体现柔顺、淡雅、浪漫的气氛（像天空的颜色）。

白色：具有洁白、明快、纯真和清洁的感受。

黑色：具有深沉、神秘、寂静、悲哀和压抑的感受。

灰色：具有中庸、平凡、温和、谦让、中立和高雅的感觉。

每种色彩在饱和度，透明度上略微变化就会产生不同的感觉。比如绿色、黄绿色有青春、旺盛的视觉意境，而蓝绿色则显得幽宁、阴沉。

任务三 个性签名——文字工具的使用

任务概述

本任务通过 “个性签名”实例来讲述在Flash CS3中的文字的建立、编辑和美化方法，完成具有个性的文字制作。

实例欣赏

打开“素材\模块二 \个性签名.swf”，将看到如下签名文字的画面。

本案例适用范围

网页片头文字制作、动漫标题文字制作。

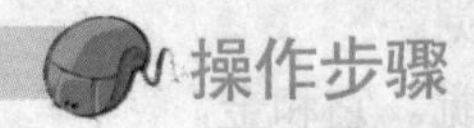

操作步骤

（1）新建一个Flash文档，大小设置为300×200像素，背景默认。

（2）选择“文本”工具，在舞台中间输入字体为黑体，大小为50的红色“叶子”两个字，如右图所示。

（3）选中舞台中的文字，按两次Ctrl+B键分离文字，如下图所示。

（4）选择“墨水瓶”工具，设置笔触颜色为深蓝色，在分离的文本边缘单击添加边线，如右图所示。

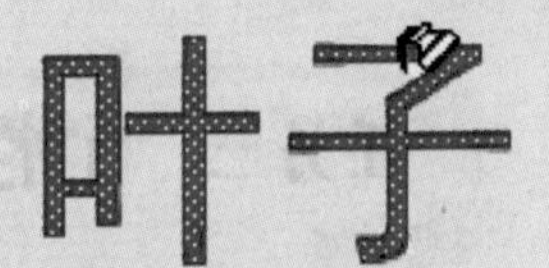

（5）按Delete键删除中间的填充，即得空心文字，如右图所示。

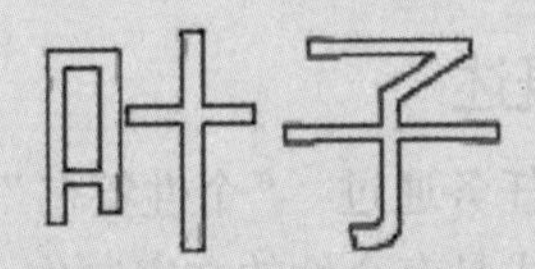

（6）用“选择”工具拖动文字的边框线，即可将文字进行变形处理，得到各种变形文字，如下图所示。

要点提示

本例的制作关键是在Flash CS3中输入文字，文字输入后是一个整体，需要进行两次分离将文字变为图形后才能进行变形操作。

下面详细讲述Flash CS3文字的相关知识。

文字对象是Flash CS3中非常重要的一种对象，主要有静态文本、动态文本和输入文本三种类型。

1.文字的输入

有两种模式“可变长度”文本和“固定长度”文本如下图所示。

用鼠标拖动“可变长度”文本框的圆形手柄，则可将之变为“固定长度”文本框；在“固定长度”文本框的方形控制柄上双击鼠标可变成“可变长度”文本框。

2.文字对象的属性

当选择“文本”工具后，在“属性”面板上将显示与文本对象编辑相关的选项，如下图所示。它主要包括文字的常规设置，如字体、字型、字号、颜色、对齐方式等，设置方法与通用的文字处理软件类似，在此不再介绍，下面主要介绍Flash CS3特有部分。

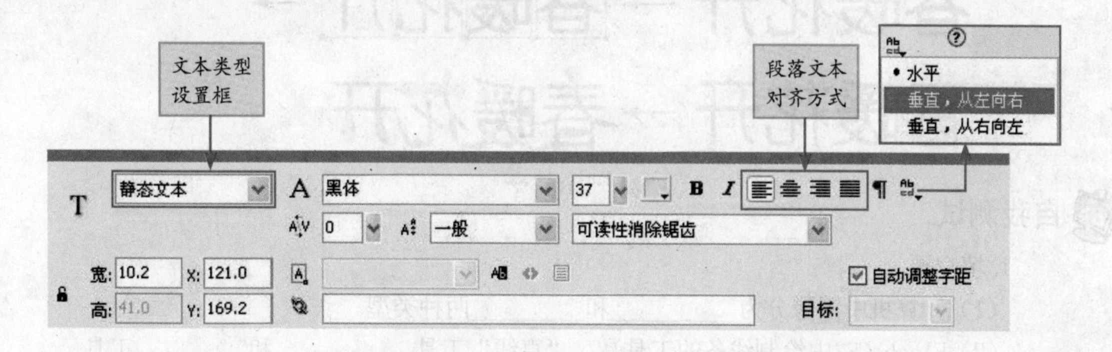

（1）文本类型：单击文本类型下拦箭头，可看见有3种类型。

●静态文本：在动画运行时不可修改，是一种普通文本。

●动态文本：在动画运行过程中，可以通过Action Script脚本程序进行修改其内容和属性，但动画使用者不能直接输入文本。

●输入文本：在动画运行时，允许用户在输入文本框内直接输入文字，是与用户进行交互的一种常用文本。

（2）行类型：只有“动态文本”和“输入文本”才有此属性，用于设定当文字的宽度大于文本框的宽度时，文字的显示方式。主要有单行、多行、多行不换行、密码等情况，如下图所示。

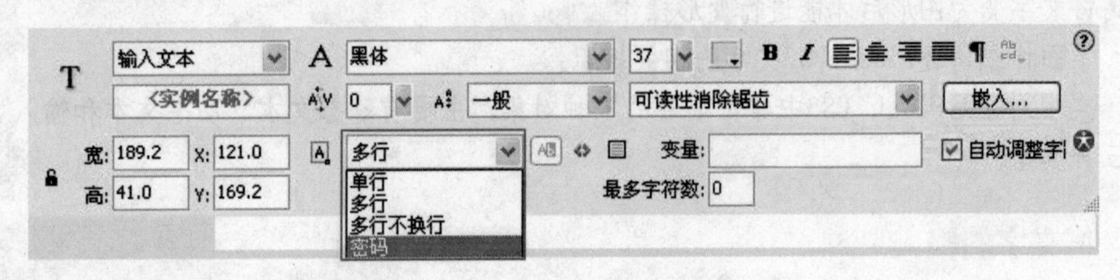

（3）超链接栏：只有静态文本和动态文本才有此属性，主要作用是给文字添加超链接，以便实现一个动画向其他软件或动画的转接功能。

（4）文本方向：只有静态文本有此属性，主要用于设置文本的水平或垂直方向。

3.文字的分解

文字对象不能实现一些特殊效果。为文字添加特殊效果时，需要将文本转化为矢量图形，即分解文本。注意：文字一旦转为矢量图形则不能再返回文本状态，不能再作为文本对象处理。

分解文本方法：选择文本，单击“修改”\“分解组件”命令（快捷键：Ctrl+B）可将一个含有多个文字的文本框分解为一个单个文本框，再执行一次即可分解为矢量图形，可以利用本例所学知识对文字进行创意变形，如下图所示。

春暖花开 → 春暖花开 →

春暖花开 → 春暖花开

自我测试

1.填空题

（1）计算机中图像分为__________和__________两种类型。

（2）Flash CS3中绘制线条的工具是：“直线”工具、__________和__________工具。

2.选择题

（1）“颜料桶”工具的快捷键是（　）。

A.L　　B.V　　C.P　　D.k

（2）改变矢量线段、曲线以及图形轮廓的属性的是哪个工具？（　）

A.“颜料桶”工具　　B.“墨水瓶”工具

C.“刷子”工具　　D.“滴管”工具

（3）在Flash CS3中，编辑图形的工具除了“任意变形”工具外还有（　　）工具。

A.填充变形　　B.椭圆　　C.矩形　　D.刷子

3.操作题

（1）利用绘制线条工具绘制立体楼房。

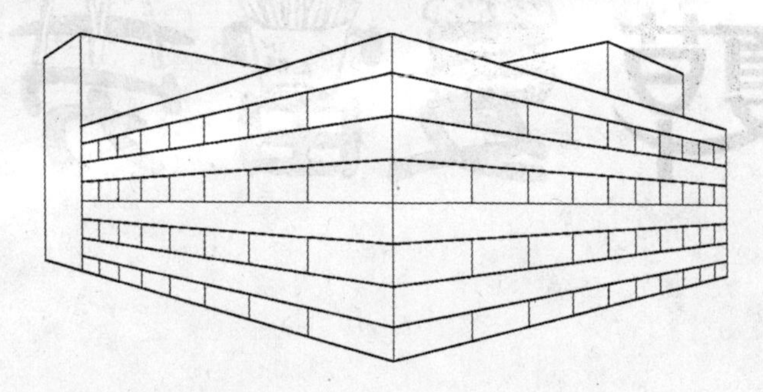

（2）利用上色工具给下面的小屋填色。

（3）利用绘图工具绘制下列图形。

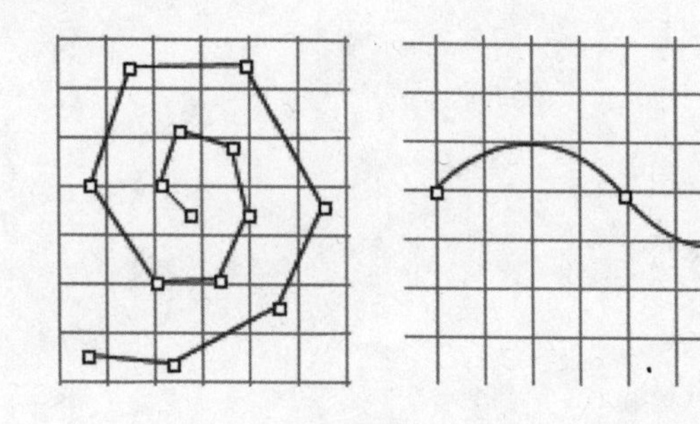

（4）利用文字工具制作如下文字。

Flash CS3中的元件、实例和库

模块综述

在Flash动画中的人物、环境等元素就像电视剧中的角色一样会在不同地方重复出现，如果重复制作这些元素，就会降低动画制作的效率和播放速度，此时可以利用Flash中的“元件”来储存这些元素，以便随时调用。本模块将介绍有关元件、实例和库的相关知识。

学习本模块后你将能够：

- 掌握创建元件的方法；
- 掌握引用元件和设置实例属性；
- 掌握在库面板中如何对元件进行管理操作。

任务一 蓝天白云沙滩——元件的使用

任务概述

元件是由多个独立元素和动画合成的整体。使用元件不仅可以减小动画文件的体积，也能提高动画的播放速度。本任务通过实例来介绍元件的概念、分类及元件的创建和使用等基础知识。

实例欣赏

打开“素材\模块三\蓝天白云沙滩.swf”，将看到如下动画：宁静夏日的沙滩上发生的有趣故事。

本案例适用范围

动漫环境设计、电子贺卡制作、网页片头动画制作。

操作步骤

(1) 建立文件

新建一个“蓝天白云沙滩.fla”的影片，设置舞台大小为546*352像素，背景色为蓝色，帧频为12fps。

(2) 环境元件的制作

①制作背景元件。执行“插入\新建元件”或者按Ctrl+F8键命令，弹出“创建新元件”对话框，创建一个名称为“背景”，元件类型为“图形”的元件，如下图所示。

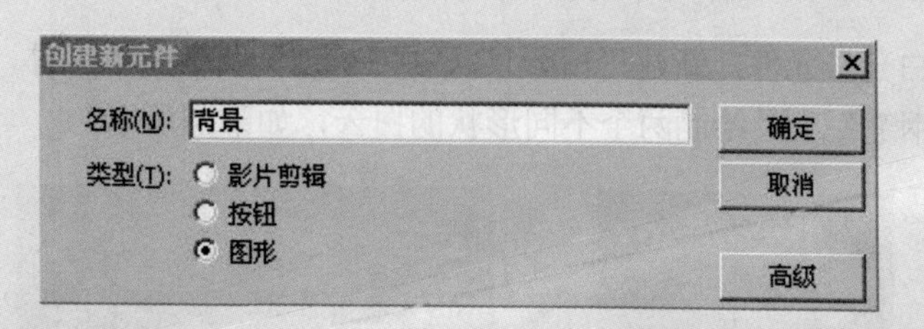

②单击“确定”按钮，进入元件编辑窗口，这时就可以创建元件内容了。元件编辑窗口中有一个“十”字形，表示舞台的原点。使用“矩形”工具绘制一个无轮廓线的线性填充矩形，其宽和高为546像素和352像素，如下图所示。

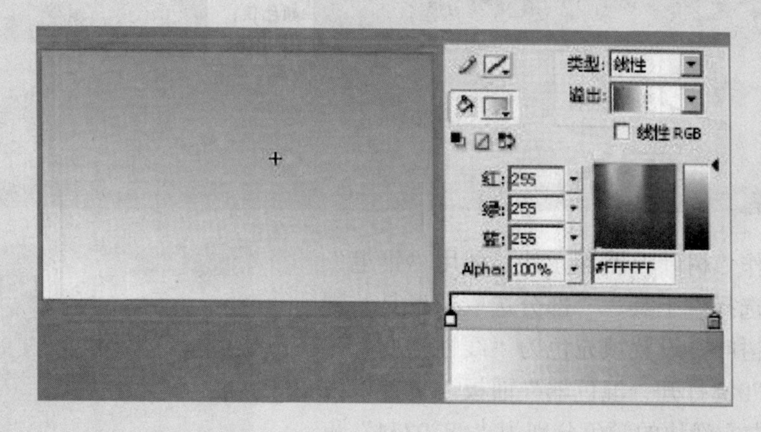

提示

单击 场景 1 标签，可退出元件编辑区，回到主场景中。在“库”面板中可以看到刚创建的“矩形”图形元件。

③制作“大海”图形元件。在“大海”元件的图层1第1帧绘制一个宽、高分别为546像素和160像素，线性填充且无轮廓线的矩形，如下图所示。

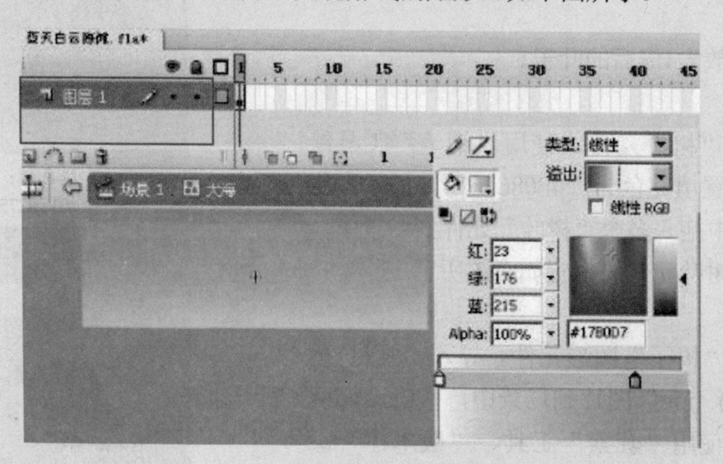

④制作“白云”元件。新建“白云1”、“白云2”两个图形元件，使用“墨水瓶”工具和“钢笔”工具绘制两个不同形状的白云，如下图所示。

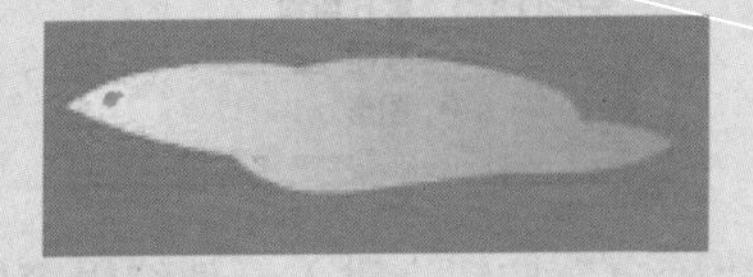

⑤制作“沙滩”图形元件。在“沙滩”元件中绘制如下图所示的图形。

⑥制作“树叶”图形元件。使用“钢笔”工具、“选择”工具、“部分选取”工具共同配合绘制树叶，设置填充色为“线性渐变”，按Shift+F9键打开“混色器”面板，设置“线性渐变”左右滑块的颜色分别为“#B1D354”和“#5CB23D”。使用“刷子”工具设置填充色值为“#BDD671”，在“选项面板”中设置“笔刷大小”及“刷子形状”，绘制叶脉并组合，如右图所示。

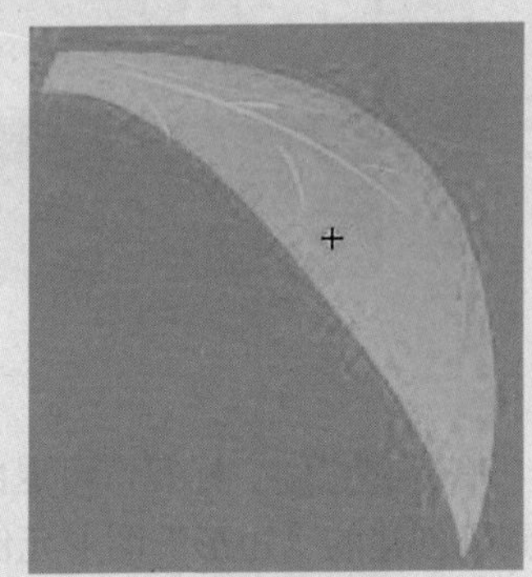

提示

本图为放大4倍后的叶子。

⑦制作“树”元件。使用“钢笔”工具绘制树干，设置填充色为“#B08C75”。插入图层2，在图层2中拖入多个“树叶”元件到场景中，并调整各个树叶元件的位置如右图所示。

⑧制作“椅子”图形元件。导入“素材\模块三\沙滩椅.jpg”图片到场景中，按Ctrl+B键将其分离，使用“套索”工具、“魔术棒”工具将图片处理成如右图所示。

⑨制作“球”影片剪辑元件。在图层1的第1帧使用“椭圆”工具 绘制一个无轮廓线的球体。在第40帧插入关键帧，将球体从左侧向右下侧移动一段距离，并在第1~40帧创建“动作补间动画”，在第45帧处插入普通帧。

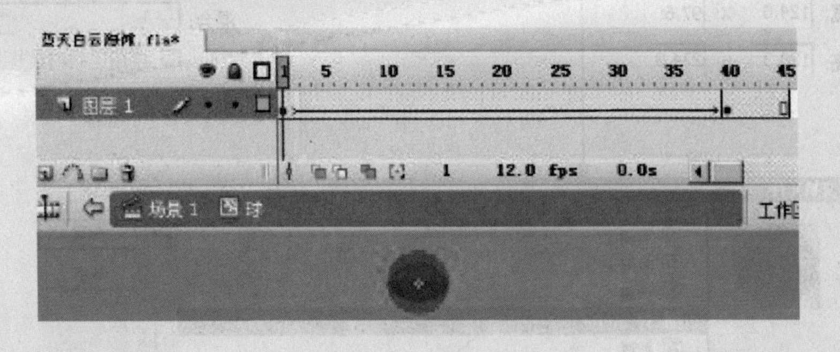

（3）布置舞台，组装动画

①单击“场景1”按钮，回到工作区场景中。将图层1的层名称改为“背景”，在背景层的第1帧将“背景”元件从库中拖入到舞台上，并调整其位置使其与舞台完全重合。

注意

元件从库中拖入到舞台后就变成实例，实例具有与元件不同的属性，在后面将详细介绍。

②在“背景”层的上方插入图层2，将层名称改为“大海”，将”大海元件”从库中拖入到舞台上，使大海元件的底部与背景元件的底部重合。

③在“大海”层的上方插入“沙滩”图层”，从库中将“沙滩”元件拖入到舞台，并调整其位置。

④插入图层4，将层名称改为“树”，从库中将“树”元件3次拖入到舞台，形成3棵树的实例，再调整每棵树实例的大小和位置。

⑤插入图层5，将层名称改为“白云”。从库中将“白云1”、“白云2”元件拖入到舞台，并调整其位置、大小和Alpha值。

⑥插入图层6，将层名称改为“交换元件”；在第1帧处，从库中将“椅子”元件拖入到舞台适当的位置；在第40帧插入关键帧，选中第40帧处的“椅子实例”，单击“属性”面板中的“交换”按钮，会弹出一个交换元件的对话框，选择“球”剪辑元件，就可以实现元件的交换；在第80帧处按F5键，如下图所示。

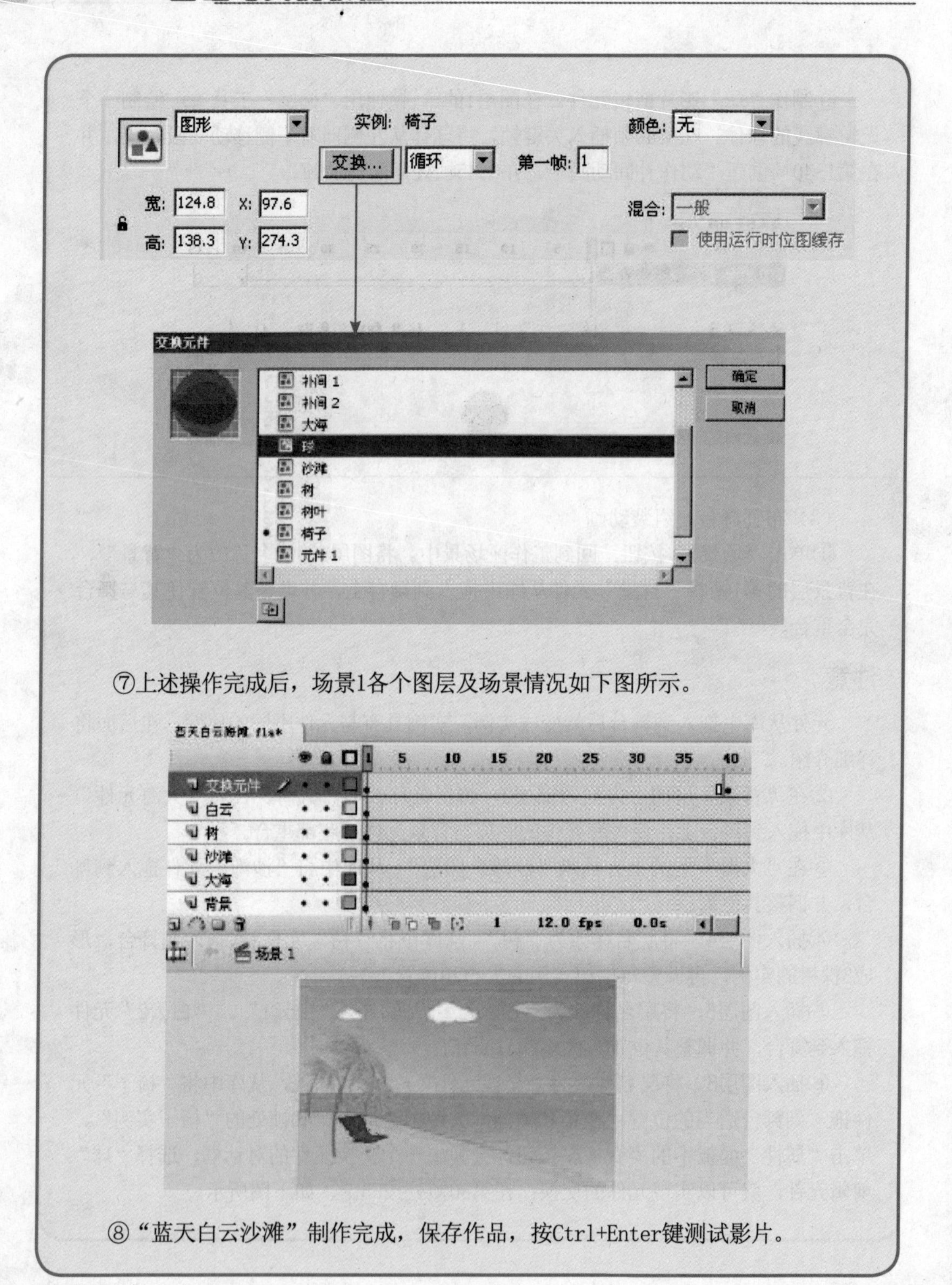

⑦上述操作完成后，场景1各个图层及场景情况如下图所示。

⑧“蓝天白云沙滩”制作完成，保存作品，按Ctrl+Enter键测试影片。

想一想

（1）想一想元件的作用是什么？

______

（2）在动画制作过程中，怎样合理选择元件类型？

______

要点提示

本任务实例中的白云、树，只制作了一次就可以多次在场景中使用，还可以设置不同的大小、颜色、透明度等属性，这主要利用了元件的特性。掌握元件知识对于提高动画制作效率至关重要，下面我们将进一步探讨元件。

1.元件的概念

元件（也称作符号）是指一个可以重复利用的单位，它保存在Flash CS3的“元件”库中。元件在Flash CS3中只需创建一次，然后就可以重复使用。元件可以由任意的图形、影片剪辑和按钮组成。每个元件都有自己的时间轴、舞台和图层，它可以独立于主动画进行播放。

2.元件类型

元件有3种类型：影片剪辑元件、按钮元件和图形元件。

●影片剪辑元件 ：影片剪辑元件是一个万能元件，它拥有自己的时间线，而且不受主场景时间线的控制。

●按钮元件 ：用于创建动画的交互式按钮，可以感知并响应鼠标的动作。按钮的时间线有4种帧，分别是“弹起”、“指针经过”、“按下”和“点击”，在这些帧上创建不同的内容，可以使按钮完成相应的鼠标动作，如下图所示。

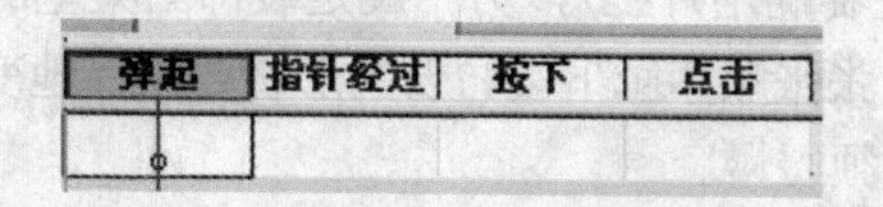

弹起：按钮在通常情况下显示的开头，此时鼠标对按钮没做任何动作。

指针经过：当鼠标滑过按钮时按钮显示的状态。

按下：当鼠标按下按钮时按钮显示的状态。

点击：设定了按钮的感应区，即鼠标进入该区后就变成手形。该帧是决定按钮的作用区，在动画中不显示。

●图形元件 ：最简单的元件，可以是静止的图形，也可以是用来创建连接到主时间轴的可重复使用的动画片段，但它不能添加交互行为和声音控制。

3.元件的创建

元件的类型决定了元件在文档中的作用，但它们的创建方法都是一样的。

（1）创建新元件：通过“新建元件”菜单命令或按Ctrl+F8键创建新元件，如本例中的“树叶”元件创建方法。

（2）将对象转换为元件：选择舞台中的一个对象，按F8键，在打开的“转换为元件”对话框中的“名称”文本框中输入元件的名称，选择元件类型，然后单击“确定”按钮，可将该对象转换成元件，如下图所示。

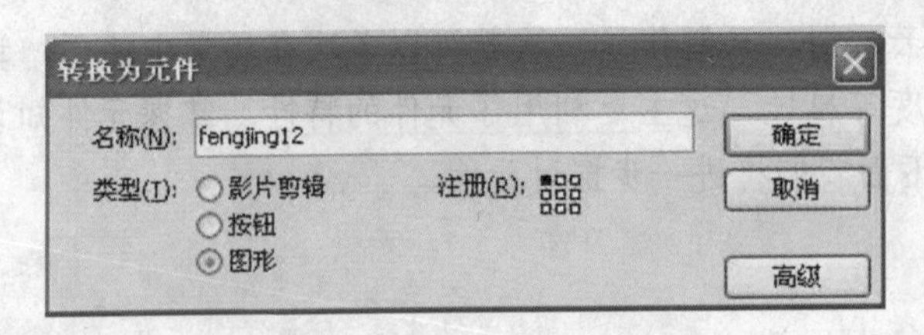

（3）将动画转换成元件：制作好一段动画后，选择所有帧，在其上右击鼠标，在弹出的快捷菜单中选择“复制帧”命令。按Ctrl+F8键，在打开的“创建新元件”对话框中新建一个元件，在新建元件的时间线中粘贴复制的帧，即可将动画转换成元件。

（4）将对象拖入“库”面板中来创建元件：选择舞台中的一个对象，直接拖入“库”面板中，在自动打开的“转换为元件”对话框中单击“确定”按钮即可。

知识窗

动画片中的云雾表现方法

动画片中，云的造型大体上有两类：一类是比较写实的(可以描线、上色，也可以直接用喷笔将颜色喷在赛璐珞片上)，另一类是装饰图案型的。表现云的运动可以先画原画，再加动画，一张张顺序画下去。云的形状要不停地变化，否则容易呆板，但动作必须柔和，速度必须缓慢。

动画片中雾的表现一般有两种办法：一种是把雾处理成带状，用透明颜色涂在赛璐珞片上，动作也必须柔和缓慢；另一种办法是用喷笔将白色直接喷在一决长玻璃或长赛璐珞片上。拍摄时，固定在移动轨道上，逐格移动，进行拍摄。雾不能喷得太厚，并且要有变化，有些地方可喷得稍厚一些，有些地方喷得薄一些，否则不能造成动的效果。

任务二　旋转风车——实例和库的使用

任务概述

元件存放于库中，实例是元件在场景中的具体表现，即实例是元件的引用。本任务通过“旋转风车”实例向同学们讲述元件和实例的关系，以及如何设置实例的属性、管理元件等技巧。

实例欣赏

打开“素材\模块三\旋转的风车.swf”，将看到如下画面，当单击“play”按钮时将看到动感十足的风车旋转动画。

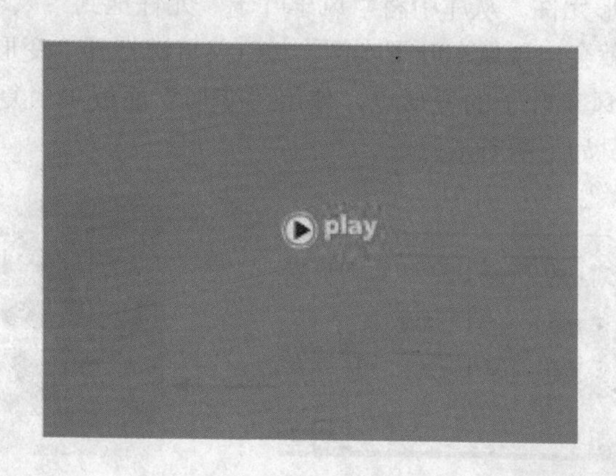

本案例适用范围

动漫环境设计、电子贺卡制作、软件包装设计。

操作步骤

（1）新建文件

新建一个“旋转的风车.fla”的影片，设置文档属性如下图所示。

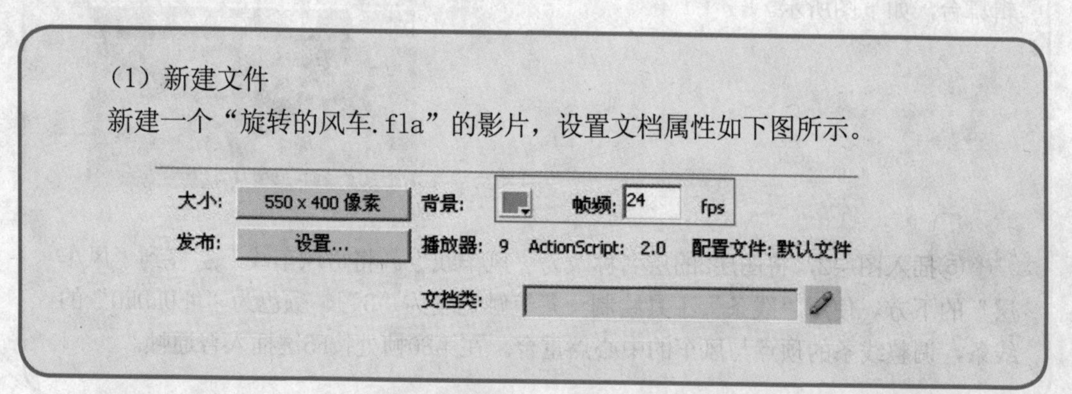

（2）制作元件

①新建“矩形”图形元件。在“矩形”元件编辑窗口中使用“矩形”工具绘制一个无外部轮廓线的线性填充的矩形，其宽和高为550像素和400像素，如右图所示。

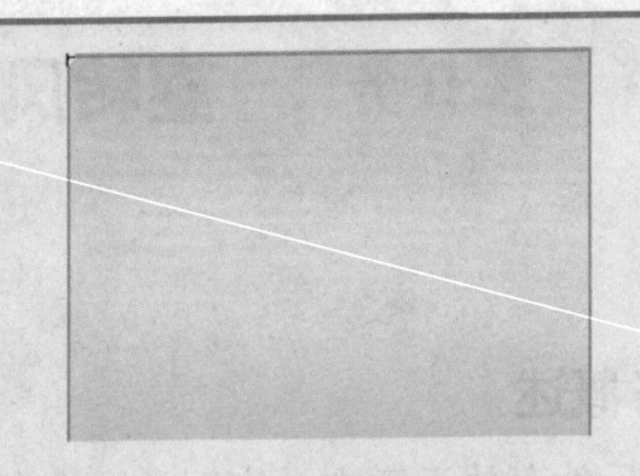

②新建“风车叶子”图形元件。使用“线条”工具、“选择”工具、“填充”工具绘制一个“风车叶子”，如右图所示。

③新建“风车”图形元件。从库中将“风车叶子”元件拖到“风车” 元件编辑舞台，此时在舞台中就会出现风车叶子实例。按Ctrl+T键打开“变形”面板，用“任意变形”工具调整风车叶子的变形点，使用“变形”面板中“复制并应用变形”工具制作一个风车，如下图所示。

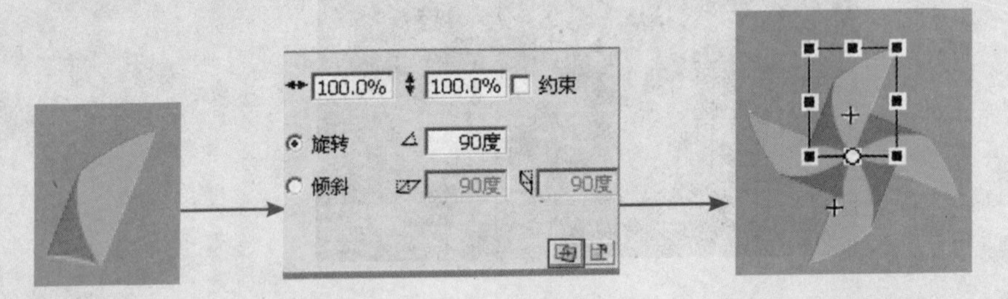

④新建“转动的风车” 影片剪辑元件元件。将图层1的层名称改为“风车”。从库中将“风车”元件拖入到“旋转的风车”元件编辑舞台，如下图所示。

⑤插入图层2，将图层2的层名称改为“风车线”。将“风车线”层移到“风车层”的下方。使用“线条”工具绘制一条笔触宽度为“3”、颜色为“#EDEDED”的线条，调整线条的顶点与风车的中心点重合。在第80帧处按F5键插入普通帧。

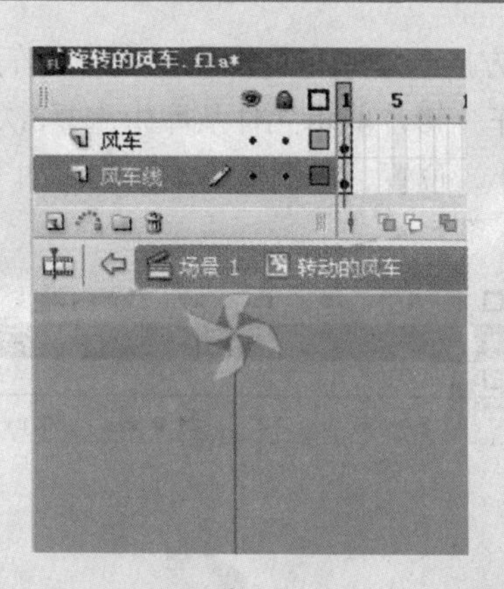

⑥在“风车层”的第40和80帧处插入关键帧，分别在第1~40帧、第40~80帧创建运动补间动画。设置第1帧和第40帧的属性如下图所示。

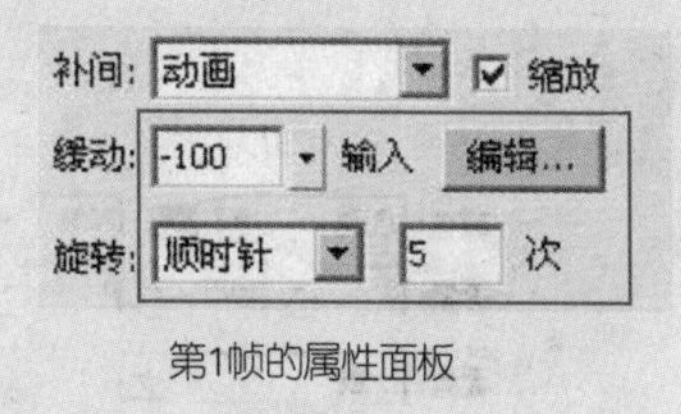

第1帧的属性面板

补间: 动画 缩放 缓动: 100 输出 编辑... 旋转: 顺时针 1 次

第40帧的属性面板

⑦新建“白云”图形元件。使用“刷子”工具，绘制一朵白云，如右图所示。

（3）布置舞台，组装动画

①将当前编辑窗口切换到场景1编辑窗口中，此时舞台中没有任何对象。

②将图层1的层名称改为“背景”，在背景层的第2帧按F7键插入空白关键帧，将矩形元件从库中拖到舞台，要求与舞台完全重合。

③在背景层的上方插入图层2，将图层2的层名称改为“白云”。在白云层的第2帧处插入空白关键帧，将白云元件从库中重复3次拖到舞台，此时舞台中就会出现3个白云实例，分别调整3个白云实例的大小、位置和Alpha值，如右图所示。

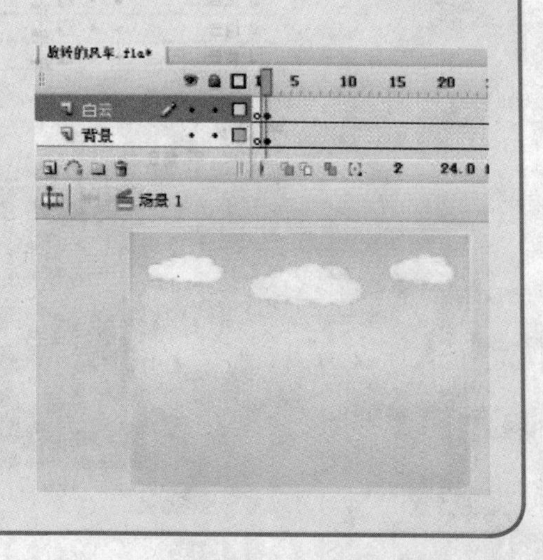

④在“白云层”的上方插入“风车”图层，在“风车”图层的第2帧处插入空白关键帧，将“旋转的风车”影片剪辑元件从库中重复3次拖到舞台，分别调整3个“旋转的风车”实例的大小、位置、色调值为不同值，如下图所示。

⑤在风车层的上方插入“播放”层，选中第1帧，单击“窗口/公用库/按钮”，将公用库中的 flat blue play 按钮拖到舞台中央。在舞台中按钮实例的后面使用“文字”工具输入“play”，如下图所示。

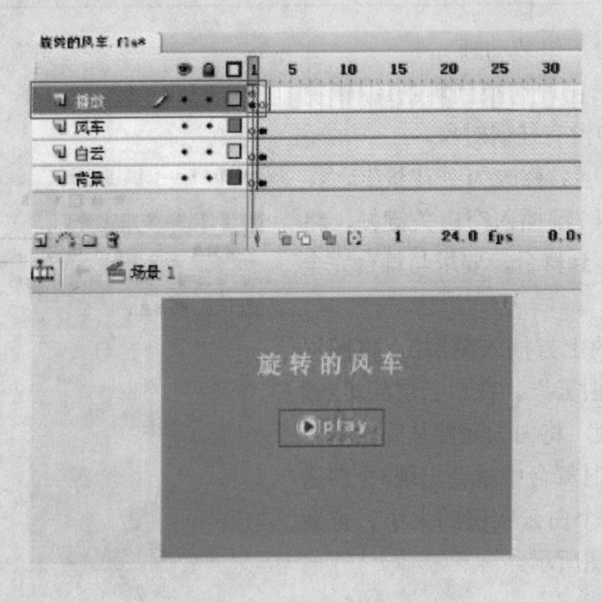

选中播放层第1帧按F9键，在弹出的“动作”面板中输入语句：

```
stop();
```

选中舞台中的“播放”按钮▶，按F9键打开“动作”面板，输入以下语句：

```
on (release)
{play();
}
```

⑥在“播放层”的第2帧处插入空白关键帧。

⑦这样3个大小、颜色、位置不同的风车旋转动画制作完成，保存作品，按Ctrl+Enter键测试影片效果。

想一想

在制作“旋转的风车.fla”过程中反复执行什么操作？怎样调用其他库中的元件？

要点提示

本任务实例的制作过程中除了利用元件的知识外，还用到实例属性设置知识，通过设置实例可以达到同一元件在舞台中的不同表现，从而使动画表现更加丰富、内容更加充实，再利用公用库中的元件实现简单的交互功能。

下面详细介绍实例和库的相关知识。

1.实例

元件是一种可重复使用的对象，而实例是元件在场景中的具体表现。当创建了元件后，在动画制作中的任何位置都可以创建元件的实例，重复使用实例不会增加动画文件的大小。

(1) 创建实例：一个元件可以创建若干个实例。创建实例的方法很简单，直接将创建好的元件从“库”面板中拖到场景中，即可创建该元件的一个实例。将场景中创建好的对象转换为元件后，场景中的对象也是一个元件实例。

(2) 设置实例属性：通过“属性”面板来修改其各项基本属性，如实例名称、颜色、位置、大小、亮度等属性，如下图所示。

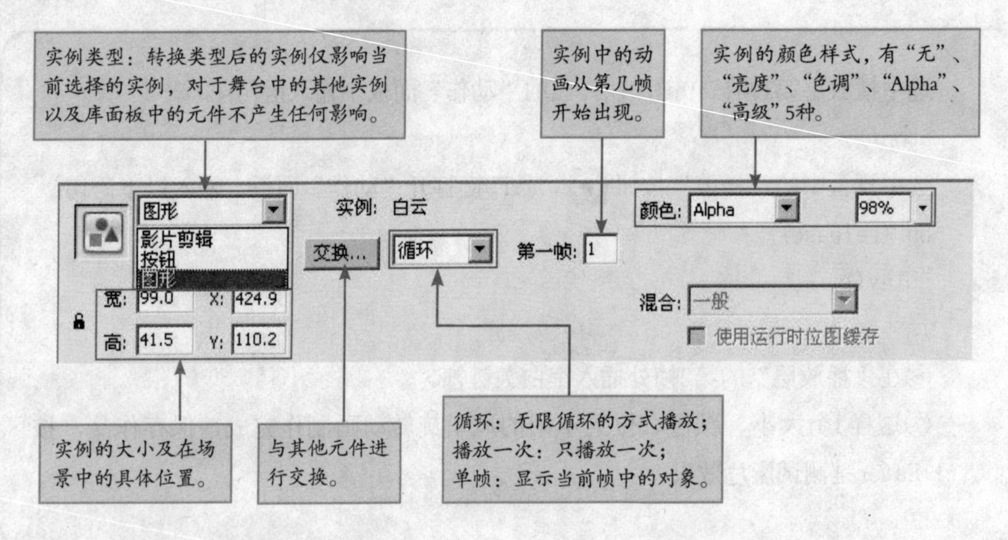

（3）元件和实例关系

①元件存放于库中，实例则存放于场景中，当把元件从库中拖入场景中时，此时元件就成为实例。

②当元件的属性改变时，由它生成的实例也会随之改变。但当实例的属性改变时，与它相应的元件和由该元件生成的其他实例不会随之改变。

2.库

库用于管理元件，元件制作完毕后都会自动保存到库中。

执行“窗口/库”命令，或按Ctrl+L键或按F11键，可以打开“库”面板，如下图所示。

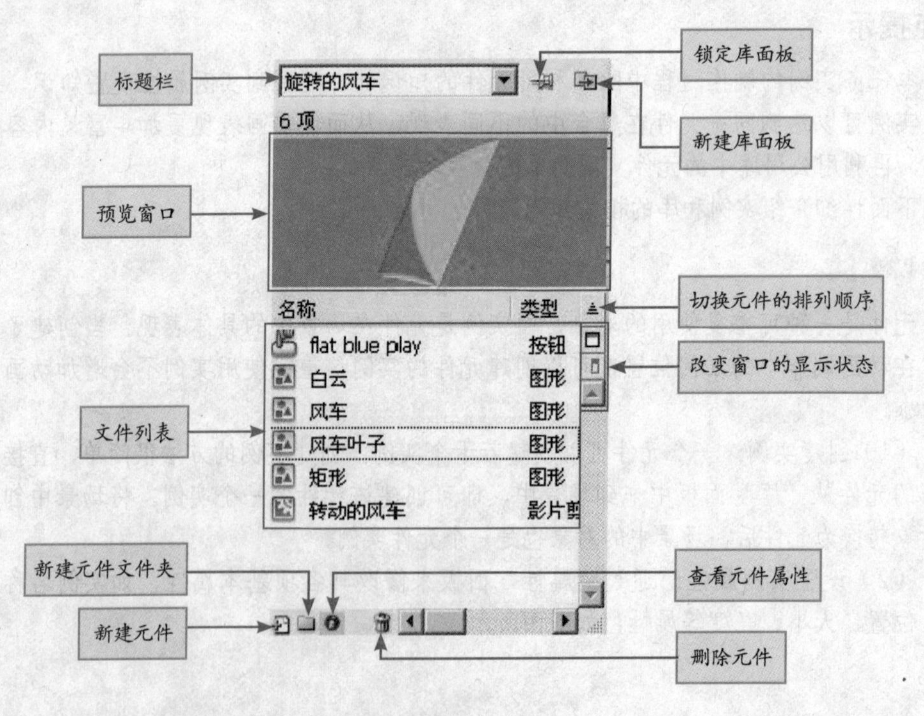

Flash CS3中库有两种，一种是用户库，用来存放用户创建Flash动画中的元件；另一种是系统提供的“公用库”，用来存放系统提供的元件，如本例中的按钮就是从公用库中直接拖出的。

自我测试

1.填空题

（1）在Flash CS3中，元件有________、__________、和________3种类型。

（2）将元件从库中拖曳到舞台上可创建元件的________。

（3）按钮元件具有________、_________、__________、_________4个状态帧。

（4）在Flash CS3中，__________元件可支持ActionScript和声音。

（5）按__________键可打开“库”面板。

（6）选择一个图形对象，按___________快捷键可将其转换为元件。

2.操作题

（1）新建一个动画文件，制作“play”按钮元件，它的4个帧状态效果如下图所示。

（2）制作3滴水用不同速度下落的动画，并用play按扭控制此动画的播放。该动画播放前后的两幅画面如下图所示。

提示：①将水滴制作成一个影片剪辑动画元件。

②设置播放前3滴水在同一高度，3滴水下落的缓动值分别设为0，-100，100，创建运动补间动画即可。

（3）使用“模块三\模块三素材”中图片，制作如下图的蝴蝶变蜻蜓动画。

提示：使用交换元件的方法将蝴蝶与蜻蜓进行交换，并自己绘制白云图形元件，调整为不同的大小和不同的透明度。

（4）制作一个跑步的火柴人动画，该动画播放后，一个火柴人从一端跑向另一端。该动画播放后的两幅画面如下图所示。

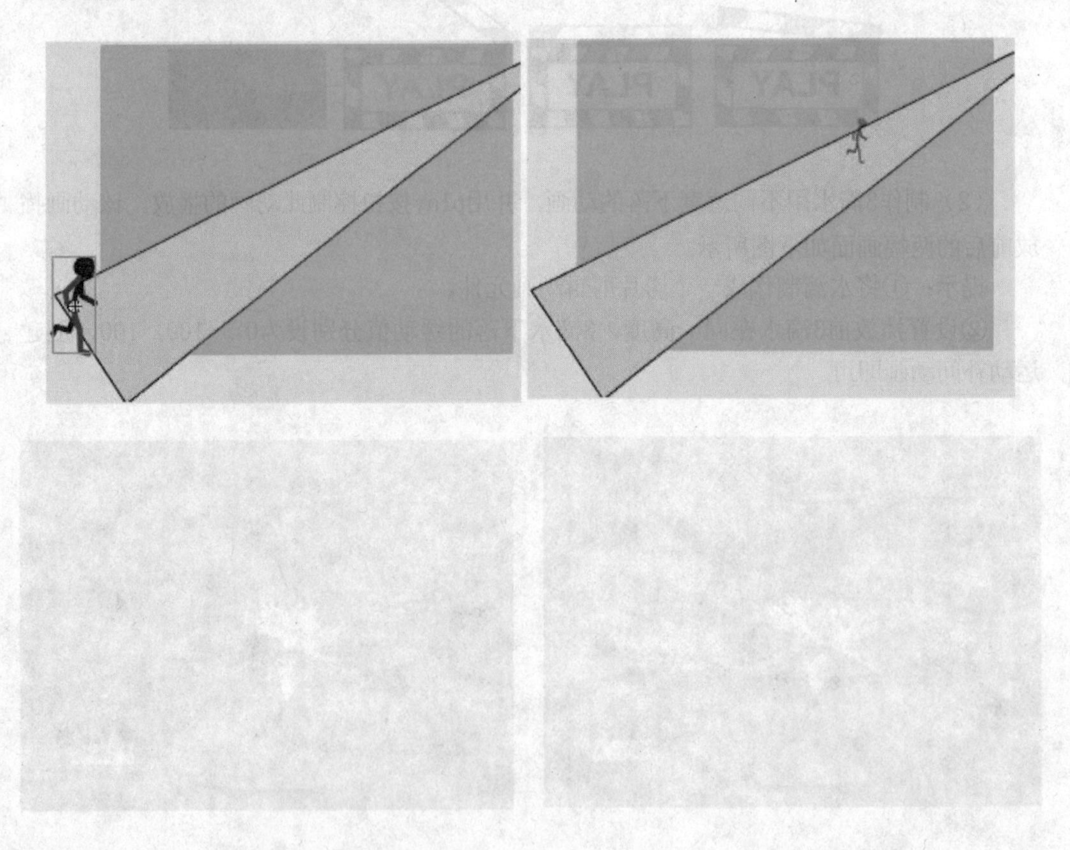

基础动画

模块综述

当我们学会了画一个卡通美女，又想给她增加点活力眨巴一下眼睛；仰望天空时，想让天上的星星闪一闪，或来几颗流星雨瞬间而过……仅靠前面所学知识我们会犯愁的。本模块将进入基础动画的学习，讲述逐帧动画、形状补间动画和动作补间动画，带你真正走入动画殿堂。

学习完本模块后，你将能够：

- 了解动画基本类型；
- 掌握逐帧动画、形状补间动画、动作补间动画的制作方法；
- 学会简单动画的构思。

任务一　画蜻蜓——逐帧动画

任务概述

逐帧动画是一种常见的动画手法，它的原理是在“连续的关键帧”中分解动画动作，也就是每一帧中的内容不同，连续播放而成动画。下面将以绘制蜻蜓为例来了解逐帧动画的制作步骤及过程。

实例欣赏

打开“素材\模块四\画蜻蜓.swf”，将会看到绘画一只蜻蜓的完整过程动画。

本案例适用范围

动漫卡通角色设计、游戏角色设计。

操作步骤

（1）新建Flash文件，设置影片属性为默认状态。

（2）在图层1的第1帧中绘制蜻蜓眼睛和嘴部，选择“椭圆”工具画出右眼，并利用“选择”工具调整形状，同时结合“橡皮擦”工具绘制左眼和嘴，如下图所示。

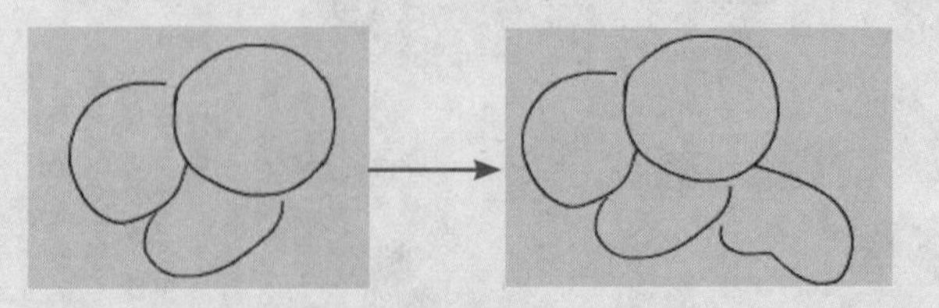

（3）在第2帧处插入关键帧（快捷键F6），利用“铅笔”工具绘制蜻蜓的身体，如右图所示。

（4）在第3帧处插入关键帧，利用“直线”工具绘制蜻蜓尾巴，并适当调整，如右图所示。

（5）在第4帧处插入关键帧，利用“直线”工具绘制蜻蜓翅膀，结合“选择”工具进行调节，如右图所示。

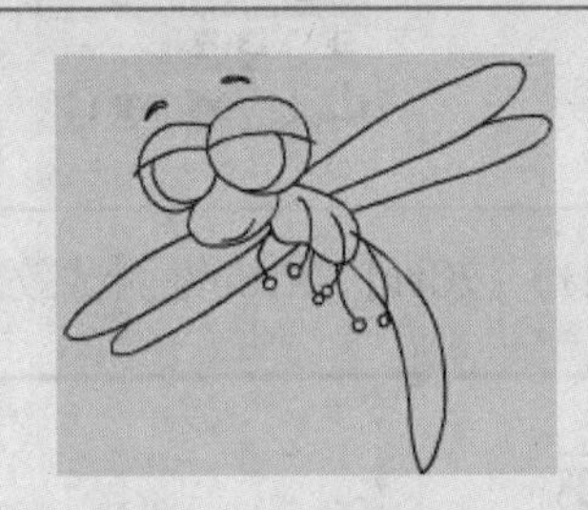

（6）在第5帧处插入关键帧，利用“直线”工具、“椭圆”工具，绘制蜻蜓的眼球、眼皮线、嘴唇线、脚和触，结合“选择”工具进行调节。此时蜻蜓已基本成形。

（7）在第6帧处插入关键帧，给蜻蜓上色。眼睛为白色，眼球和触为黑色，眼皮、嘴、身体和尾巴颜色值为“#C0E333”，翅膀颜色值为“#ACF1F7”，脚掌颜色值为“#79914D”，如右图所示。

（8）在第7帧处插入关键帧，利用“铅笔”工具绘制外壳和尾巴纹路，删除交叉处多余的线段，并用颜色值为“#9BBB1A”填充颜色，如右图所示。

（9）在第8帧处插入关键帧，用“椭圆”工具绘制白眼珠，利用“铅笔”工具绘制翅膀纹路，每一层纹路交叉绘制，结合“选择”工具进行调节。最后用“选择”工具全选整个蜻蜓，调整笔触颜色Alpha值为“20%”，目的是让轮廓线淡化，更显真实性，如右图所示。

（10）最后延长帧到20帧，让画好的完整蜻蜓多显示一会儿，其时间轴显示如下图所示。

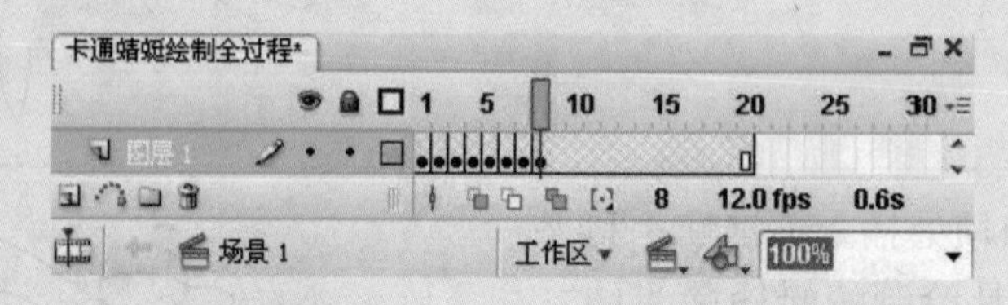

（11）按Ctrl+Enter键测试效果，按Ctrl+S键保存文件。

要点提示

本实例中的蜻蜓漂亮吧！画蜻蜓的过程体现出了逐帧动画的特点，每一帧绘制了不同的内容，把蜻蜓的形成过成分解到了各帧上。下面我们来详细了解帧与逐帧动画的相关知识。

1.帧的类型

在Flash CS3中，各种类型的帧在时间轴上的表现如下图所示。

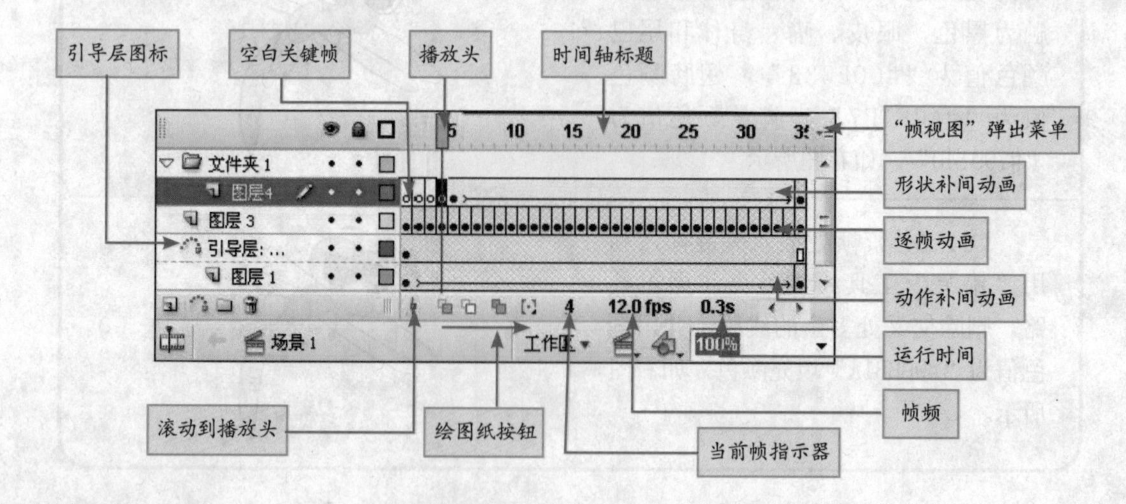

从帧在时间轴上的表现形式来看，帧有以下几种:

●关键帧：在时间线上实心的圆圈代表了有内容的关键帧，只有关键帧的信息会被记录下来。

●空白关键帧：时间线上空心的圆圈表示空白关键帧，跟关键帧作用相同，但是没有内容，在这一帧填充内容后就变成关键帧了。

●普通帧：可以继承前面关键帧中内容的帧，但它不会增加动画的大小。如果普通帧前面有关键帧，则它可以显示关键帧中的内容，否则不显示任何内容。

●渐变帧：在两个关键帧之间创建了形状补间，且帧的颜色变为绿色。

●动作帧：在两个关键帧之间创建了动画补间，且帧的颜色变为紫色。

2.逐帧动画

逐帧动画又称为关键帧动画，在时间轴帧上表现为连续的关键帧，它需要一帧一帧的进行绘制，因此看上去灵活而逼真，当然也需要更多的工作时间。

(1)创建方法

●导入的静态图片建立逐帧动画：用.jpg、.png等格式的静态图片连续导入到Flash中，就会建立一段逐帧动画。

●绘制矢量逐帧动画：用鼠标或压感笔在场景中一帧帧的画出帧内容，本任务的实例就是利用此方法完成的。

●文字逐帧动画：用文字作帧中的元件，实现文字跳跃、旋转等特效。

●指令逐帧动画：在时间帧面板上，逐帧写入动作脚本语句来完成元件的变化。

●导入序列图像：可以导入gif序列图像、swf动画文件或者利用第3方软件（如swish、swift 3D等）产生的动画序列。

(2)绘画纸的功能

“绘画纸”工具也称为“洋葱皮”工具，是帮助定位和编辑动画的辅助工具，对逐帧动画特别有用。

通常情况下，Flash 在舞台中一次只能显示动画序列的单个帧。如果要在舞台中查看多个帧，就需要启动“绘画纸”工具，结果是当前帧的内容用彩色显示，其他帧的内容以半透明形式显示，这时只能编辑当前帧的内容。如下图所示就是使用绘画纸功能后的场景。

绘画纸各个按钮的功能:

●启用“绘图纸外”功能之后，在时间帧的标尺上会出现绘图纸外观标记。拉动外观标记的两端，可以扩大或缩小显示范围。

●启用“绘图纸外观轮廓”功能后，场景中只显示各帧内容的轮廓线，适合观察对象轮廓。

●启用“编辑多个帧”功能后，可以显示全部帧内容，并且可以进行“多帧同时编辑”。

●修改绘图纸标记：按下后，弹出菜单，菜单中有以下选项：

①“总是显示标记”选项：会在时间轴标题中显示绘图纸外观标记，无论绘图纸外观是否打开。

②“锚定绘图纸”选项：会将绘图纸外观标记锁定在它们在时间轴标题中的当前位置。通常情况下，绘图纸外观范围是和当前帧的指针以及绘图纸外观标记相关的。通过锚定绘图纸外观标记，可以防止它们随当前帧的指针移动。

知识窗

动画造型设计的风格类型

角色造型是动画片创作过程中一个重要环节，确立一部影片的风格首先遇到的就是角色造型问题。动画风格多种多样，使用最多的是漫画。漫画风格通常有写实、卡通、日式、美式、港式、Q版等，但是最常见的有：写实、卡通和Q版（如下图所示）。

写实　　卡通　　Q版

●写实风格：以真实物体的结构为标准来表现的一种绘画形式。绘画过程中不变形、不夸张，比较接近物体的真实面貌。

●卡通风格：卡通风格的动画片多以儿童题材为主，形象简单可爱，身体线条简洁，人物比例比较夸张。

●Q版风格：是所有风格最夸张的，人物的头部比较大，身体比较小。

任务二 天鹅的故事——形状补间动画

任务概述

Flash CS3动画可以分为两类，一类是形状补间动画，针对矢量图形；另一类是动作补间动画，针对元件实例。本任务通过“天鹅的故事”实例讲述形状补间动画的基本概念和创建方法，学会应用“形状提示”让图形的形变更加自然流畅。

实例欣赏

打开“素材\模块四\天鹅的故事.swf”，将看到一只只鹅飞来变成文字的动画，如下图所示。

本案例适用范围

动漫卡通角色设计、游戏角色设计、动漫贺卡标题设计、网页横幅设计。

操作步骤

（1）新建Flash文件，设置场景大小590*350，背景为默认颜色。

（2）导入素材图片“背景”到场景中，在“属性”面板中调整位置及大小，并将当前图层1更名为“背景”，在第90帧处按F5键延长帧，如下图所示。

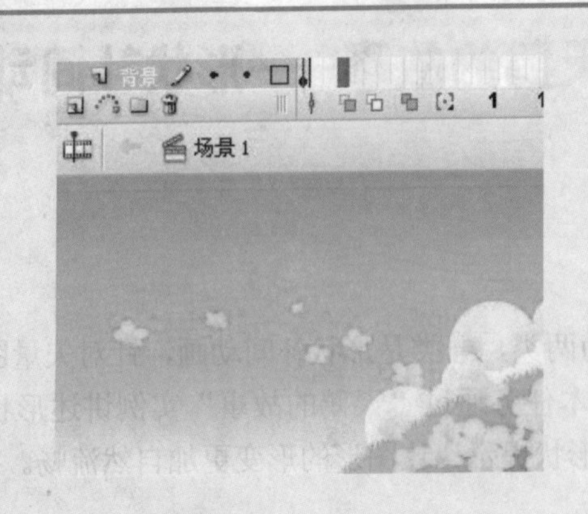

（3）导入素材图片“天鹅”到库中，按F11键打开“库”面板。

（4）新建图形“天鹅元件”图形元件，将“库”面板中的“天鹅”位图拖入到场景中，如下图（a）所示；按Ctrl+B键打散图形，利用“套索”工具中的“魔术棒”和“套索”工具删除图片中多余部分，提取天鹅，如下图（b）所示。

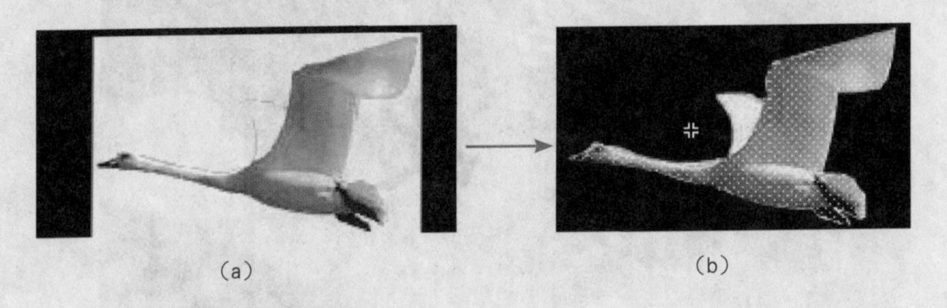

（a）　　（b）

提示

在提取图形前，可将背景色暂换为黑色，制作完后重设原色。因为背景色为白色，图片底色也为白色，删除时不便于观察细微部分。

（5）回到主场景，新建图层，双击命名为“天”，选择“库”面板中的“天鹅”元件拖到第1帧处。在第15帧处插入关键帧，选择“文字”工具，输入“天”字，颜色为白色，字体为“华文行楷”，大小“90”，调整文字与“天鹅元件”对齐。

（6）选中第15帧处的天鹅元件，按Delete删除，按Ctrl+B键打散文字，再选择第1帧打散元件，选中1~15帧，选择“属性”面板中“补间”下拉菜单中的“形状”，如下图（a）所示。在第90帧处按F5键，时间轴上帧变化及第1、15帧打散后如下图（b）和下图（c）所示。

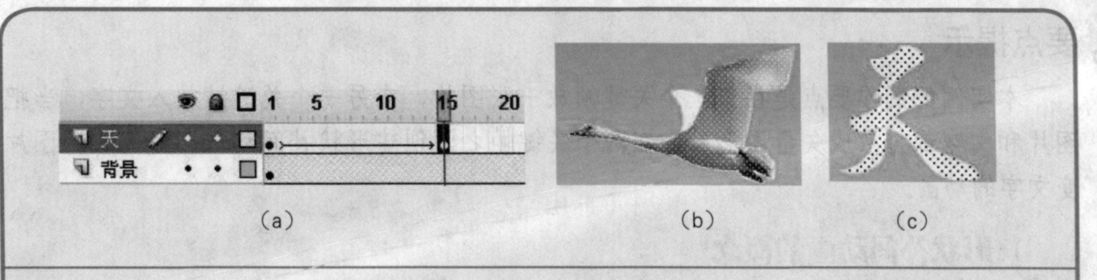

(a) (b) (c)

（7）新建图层，命名为“鹅”，在第15帧处插入关键帧，由天鹅图形变文字的制作过程步骤同（5）、（6）。时间轴及文字显示如下图所示。

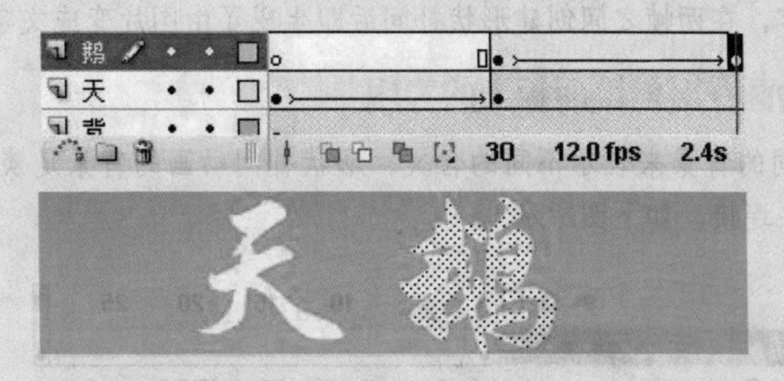

（8）分别新建图层：“的”、“故”、“事”，用同样的方法制作形状补间动作，每层形状变化分别是30~45帧、45~60帧，60~75帧。最后每层帧均延长至90帧。时间轴如下图所示。

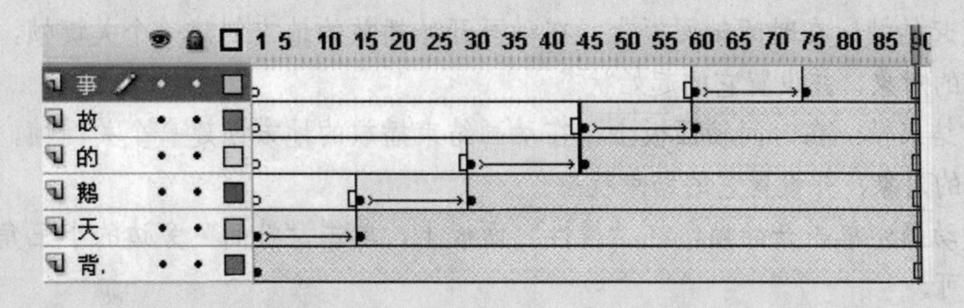

（9）按Ctrl+Enter键测试效果，如下图所示。

要点提示

本实例的制作要点是在第一个关键帧放一张图片，在另一个关键帧放入文字，当把图片和文字都打散成矢量图形后，在两个关键帧之间创建形状补间动画即可完成由图片变文字的动画。

1.形状补间动画的概念

“形状补间”动画就是从一种形状变化到另一种形状的过程。在两个关键帧中，分别放置一个形状，让Flash根据两者的内容来创建动画。如本例中在第一帧放入天鹅，在第15帧放入“天”字，在两帧之间创建形状补间后即生成了由图片变成文字的动画了。

2.形状补间动画在时间轴面板上的表现

不同的帧用不同的背景来表示不同的含义。形状补间动画的背景是淡绿色的，并且在关键帧之间用箭头连接，如下图所示。

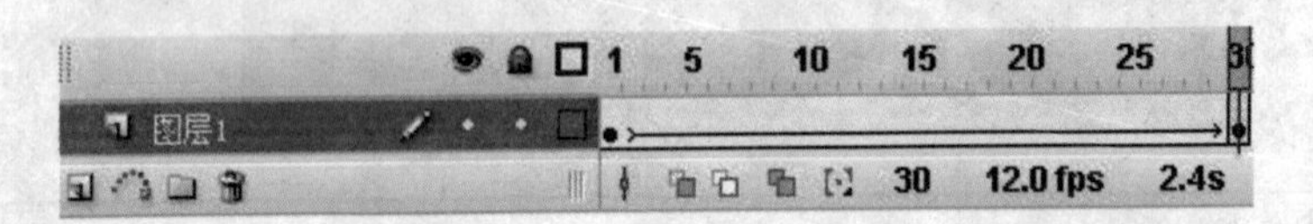

3.创建形状补间的方法

创建形状补间动画，一般有以下三步：

①确定起始帧：在时间轴面板上，在动画开始播放的地方创建一个关键帧，在其中放置要变形的对象，并设置它的起始状态。

②确定结束帧：在时间轴面板上，在动画结束播放的地方创建一个关键帧，在其中放置要变形的对象，并设置它的结束状态。

③创建动画：单击开始帧，在“属性”面板上，单击“补间”旁边的小三角，选择“形状”即可。

4.形状补间动画的属性面板

建立了一个形状补间动画后，“属性”面板局部图如下图所示。

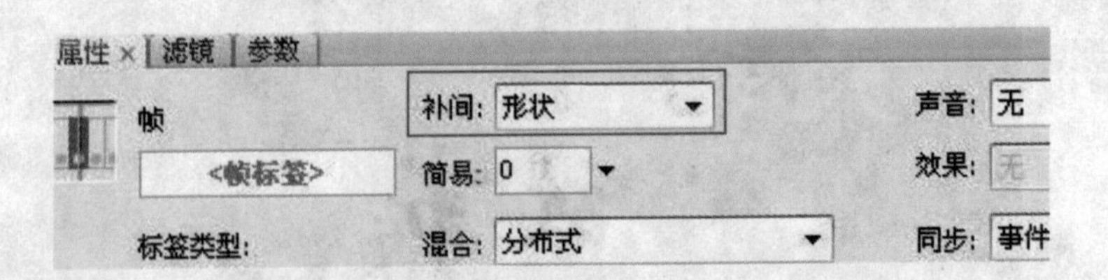

形状补间动画的“属性”面板上只有两个参数，一个是决定运动加速度的“缓动”选项，一个是决定变形效果的“混合”选项。

（1）“缓动”选项：单击其右边的 按钮，会弹出滑动杆，拖动上面的滑块可以调节参数值，也可以直接输入1~-100的数值。

（2）“混合”选项：有两项供选择：

- “角形”：创建的动画中间形状会保留有明显的角和直线，适合于具有锐化转角和直线的混合形状。
- “分布式”：创建的动画中间形状比较平滑和不规则。

5.使用形状提示

Flash在比较起始帧和结束帧的差异时，结果并不是完美的，变形结果有可能会显得混乱。

这时可以使用“形状提示”来改善这一情况。形状提示会标识起始形状和结束形状中的相对应的点。可从a~z进行标识，最多可以使用26个形状提示。起始关键帧上的形状提示是黄色的，结束关键帧的形状提示是绿色的，当不在一条曲线上时为红色。

现以数字2~8变形为例介绍使用形状提示操作步骤及方法（前提：2与8已分别打散成矢量图形）。

（1）选择形状补间的第1个关键帧。然后执行“视图\形状\添加形状提示”命令或按Ctrl+Shift+H组合键，即可在舞台中插入一个起始形状提示a，这时起始关键帧和结束关键帧都有一个红色带圈的a显示在其中间部位，如下图所示。

（2）在第1个关键帧，把红色的圆圈提示a，移动到要标记的点上，选择结束帧，将红色标识a移动到需要的位置。查看起始帧提示符为黄色，结束帧提示符为绿色，效果如下图所示。

（3）重复上述步骤，使用同样的方法插入新的形状提示b，并放置在需要标记的位置，如下图所示。

（4）按下Enter键，可在当前窗口观看动画的播放效果。下图为影片播放过程中相同帧的变形效果对比。

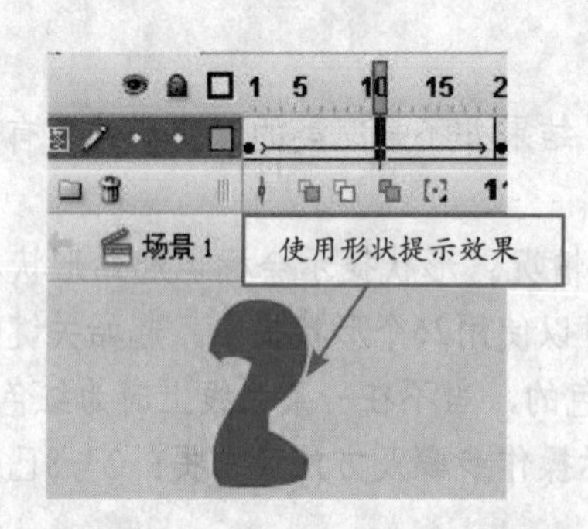

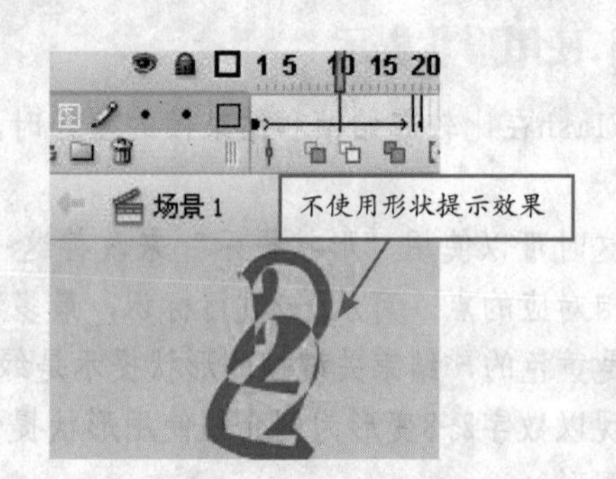

如要查看所有形状提示，当含形状提示的层和关键帧处于选中状态时，执行“视图\形状\显示形状提示”或按Ctrl+Alt+H组合键即可显示“形状提示”。如果要删除“形状提示”，选中提示后直接将其拖离舞台或按鼠标右键选择“删除提示”或“删除所有提示”即可删除“形状提示”。

任务三　中秋之夜——动作补间动画

任务概述

动作补间动画是Flash CS3创作动画的另一个非常重要的动画表现手段，它的操作对象必须是“元件”或“群组对象”。

实例欣赏

打开“素材\模块四\中秋之夜.swf”，将会看到圆月当空，柳条轻拂，美丽佳人在轻快的音乐声中思念亲人的优美动画。

本案例适用范围

动漫卡通角色设计、动画情节设计、电子节日贺卡设计。

操作步骤

（1）新建文件，自定义背景色，设置场景宽：800像素，高：500像素。

（2）导入背景图“嫦娥”到场景，如下图所示，设置图片大小及位置。

（3）新建一个名称为“星1”的图形元件，利用“钢笔”工具勾出四角星星，填充白色，如右图所示。

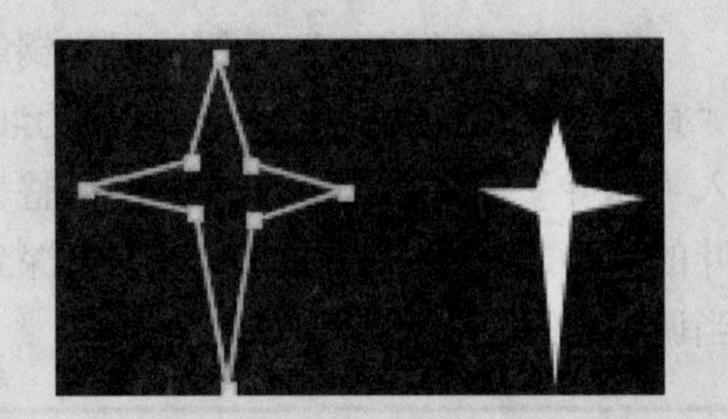

（4）新建“闪星1”影片元件，打开“库”面板，拖入“星1”到场景，在第15帧插入关键帧，选中此元件，设置Alpha值为“0%”。选中所有帧，在“属性”面板“补间”下拉菜单中选择“动画”，“属性”面板和时间轴面板状态如下图所示。

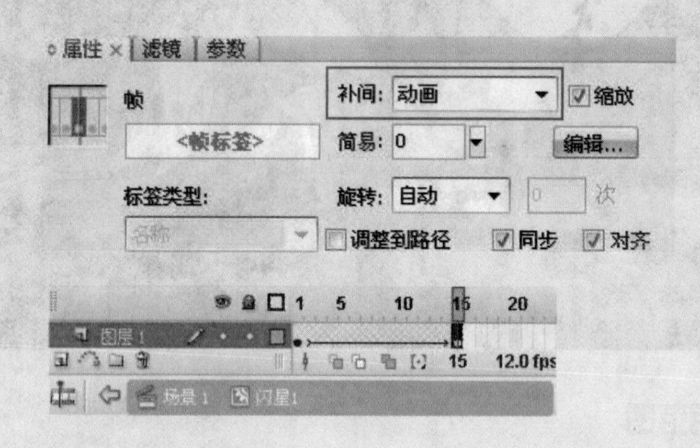

（5）新建“闪星2”影片元件元件，在当前图层第10帧插入关键帧，拖入“星1”元件，在第25帧处插入关键帧，选中元件设置颜色Alpha值为“0%”，选中全部帧，在“属性”面板中选择“补间”下的“动画”。

（6）利用同样的方法创建小圆点星星，目的是制作视线更远处能看到的效果。

（7）回到主场景，新建图层“星”，分别将“星1”和“闪星”元件拖入多个到场景，调节每个星星大小和位置。

（8）新建元件“柳叶”，利用“椭圆”工具画出椭圆，结合Alt键调节叶尖和叶柄。填充色为深绿到浅绿的线性渐变。左右色标值分别为“#066006”、“#35B913”，如右图所示。

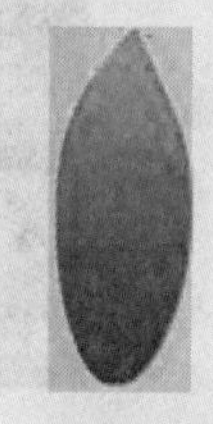

（9）新建“柳条”元件，用“钢笔”工具或“直线”工具画出枝条，笔触色值为#666600。拖入“柳叶”元件由上到下放置，调整相对位置及叶的大小。枝条颜色从上到下会由深到浅，可适当调整实例的Alpha值，如右图所示。

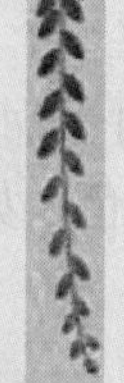

（10）新建“动柳条”影片元件，拖入“柳条”元件放入第1帧，选择“任意变形”工具调整中心点到柳条顶端，在第120帧处插入关键帧，在第30、第60、第90帧处分别插入关键帧，并以中心为基点左右旋转，制作出微风吹的效果。各关键帧变化如下图所示。

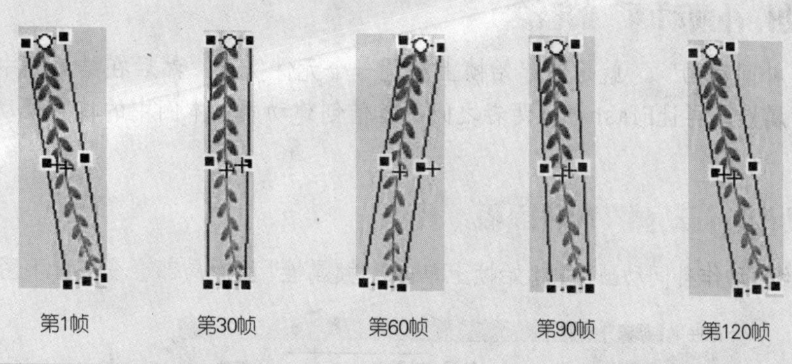

（11）返回主场景，新建图层“柳条”，拖入“柳条”到月亮两边，并调整位置和大小。

（12）新建“文字”图层，分别输入“但愿人长久”、“千里共婵娟”。选中文字，单击“属性”面板中“滤镜”选项，单击“添加滤镜”按钮，选择“发光”。设置模糊XY值为30，强度为250%，颜色值为“#CC99FF”，如下图所示。

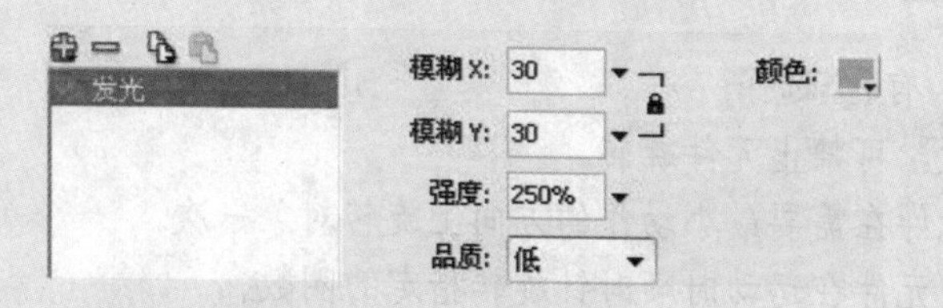

（13）“中秋之夜”制作完成，按Ctrl+Enter键测试效果，按Ctrl+S键保存文件，最后动画效果如下图所示。

要点提示

本实例中的星星闪动、柳条摆动都只是位置或大小的改变，在制作过程中只需确定元件的起始位置和结束位置，利用“动作补间动画”完成中间动画的制作。

1. “动作补间动画”的概念

“动作补间动画”，就是在起始帧上放置一个元件实例，然后在结束帧中改变这个元件实例的属性，再让Flash根据两者之间的差值创建动画。本例中的柳条摆动就是如此制作的。

2. “动作补间动画”属性面板

在时间线“动作补间动画”的起始帧上单击，“帧属性”面板局部会变成如下图所示。

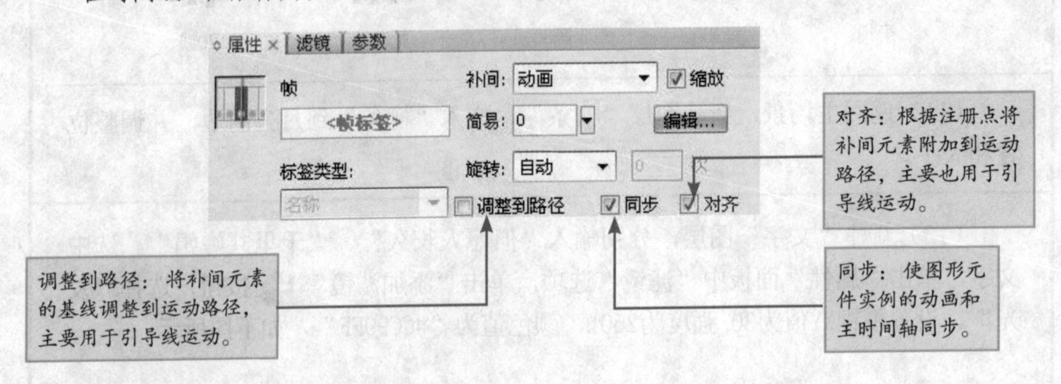

“旋转”选项：有4个选择：

- 无：默认设置，可禁止元件旋转。
- 自动：可使元件在需要最小动作的方向上旋转对象一次。
- 顺时针：可使元件在运动时顺时针旋转指定的圈数。
- 逆时针：可使元件在运动时逆时针旋转指定的圈数。

3. “形状补间动画”和“动作补间动画”的区别

“形状补间动画”和“动作补间动画”都属于“补间动画”，前后都各有一个起始帧和结束帧，二者之间的区别如下表所示：

区　别	动作补间动画	形状补间动画
在时间轴上的表现	淡紫色背景加长箭头	淡绿色背景加长箭头
组成元素	影片剪辑、图形元件、按钮、文字、位图等	如使用图形元件、按钮、文字，则必先打散再变形
完成的作用	实现一个元件的大小、位置、颜色、透明度等的变化	实现两个形状之间的变化，或一个形状的大小、位置、颜色等的变化

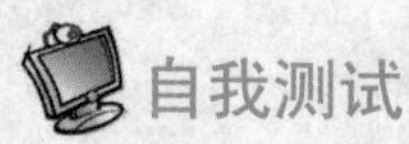

自我测试

1.填空题

（1）当创建动作补间动画时，两个关键帧之间背景是紫色时，代表__________动画；当背景为绿色时，代表__________动画；如果两帧之间出了问题，会显示成______线。

（2）对图片进行变形操作时，一定要先将图片________________成为矢量图，才能完成变形。

2.选择题

（1）在“形状补间动画”中添加形状提示的方法有（　　）。

A.“视图\形状\添加形状提示”　　B.Ctrl+Alt+H

C.Ctrl+Shift+H　　D.“修改\形状\优化”

（2）动画类型分为（　　）。

A.逐帧动画　　B.时间轴动画　　C.动作补间动画　　D.形状补间动画

（3）制作一个闹钟的针运动，我们利用“动作补间动画”完成，需要把时针、分针、秒针设计成（　　）旋转。

A.不用设置　　B.自动　　C.顺时针　　D. 逆时针

3.操作题

（1）制作一个眨眼睛的逐帧动画（各帧的参考图如下）。

（2）制作一个云彩动画形状渐变动画（各形状参考图如下所示）。

提示：利用形状提示。

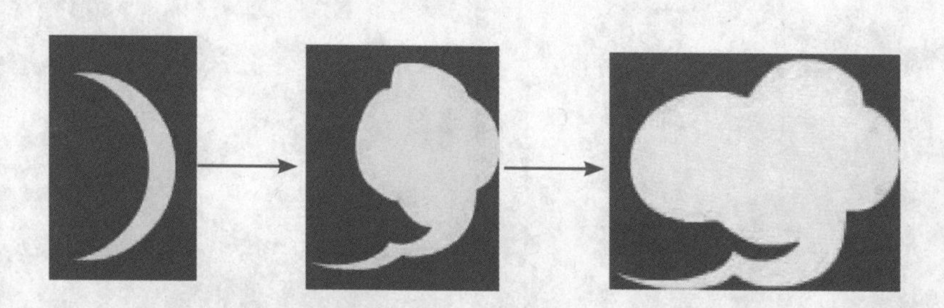

（3）根据所给素材，制作一个奥运福娃“晶晶”射击的动画。

素材　　　　效果图

提示：完成后时间轴参考如下图所示。

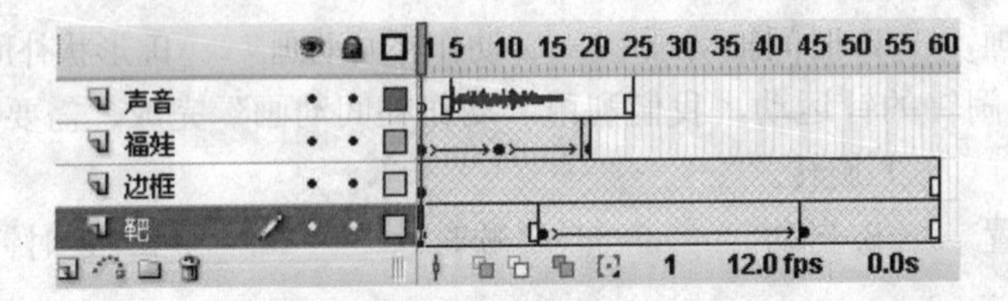

高级动画

模块综述

本模块通过对引导动画、遮罩动画和交互动画的学习，更深刻地体会到Flash CS3动画的魅力，并对引导动画、遮罩动画和交互动画的制作方法有更深刻了解和更熟练掌握，从而培养制作动画的创造性思维，制作出更加绚丽逼真的动画效果。

学习完本模块后，你将能够：

- 掌握引导动画的制作方法；
- 掌握遮罩动画的制作方法；
- 掌握简单的交互动画的制作方法。

任务一　老鼠画汽车——引导层动画

任务概述

本任务通过“老鼠画汽车”动画制作过程，介绍引导动画的制作。这种动画可以使一个或多个元件完成曲线运动或不规则运动，如太阳沿指定弧线升起、落叶效果、飞翔的小鸟等沿着某一特定路线进行运动的动画都是用引导动画制作的。

实例欣赏

打开“素材\模块五\老鼠画汽车.swf”，将看到如下动画：一只老鼠画了一辆小轿车。

本案例适用范围

搞笑动漫角色设计、游戏角色设计。

操作步骤

（1）新建Flash文件，设置影片大小为600*600，帧频为6fps。

（2）将图层1层名称改为“背景”，导入“素材\模块五\pic4.png”到舞台正中央。

（3）新建一个“老鼠”的图形元件，将“素材\模块五\pic1.png”文件导入到该元件中，如右图所示。

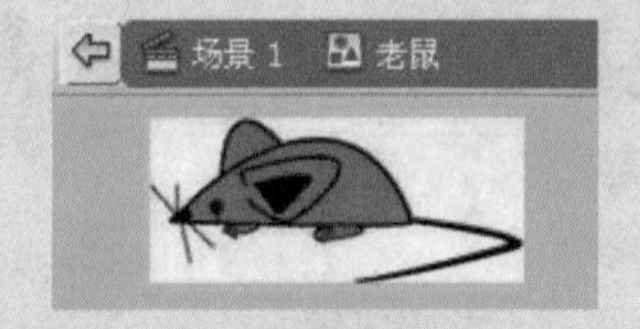

（4）选中图片，按Ctrl+B键将图片分离，使用“套索”工具和“魔术棒”工具去掉图片中的白色部分，提取pic1.jpg图中的老鼠，如右图所示。

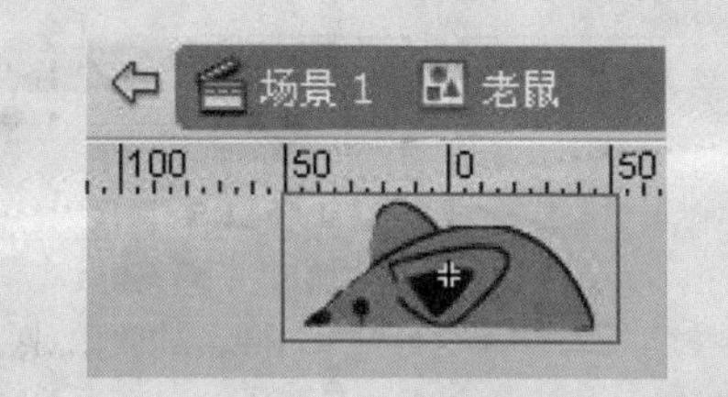

（5）返回到场景1，将“图层2”的层名改为“老鼠”，在老鼠层的第1帧处放入“老鼠”图形元件，在第75帧处插入关键帧，如右图所示。

（6）在“老鼠层”上方添加引导层。单击时间轴面板左下方的添加“添加运动引导层”按钮 或者在“老鼠”层名上单击右键，在弹出的快捷菜单中选择“添加引导层”命令即可添加运动引导层。使用铅笔工具在舞台上画一个汽车轮廓，在第75帧处按F5键插入普通帧，如右图所示。

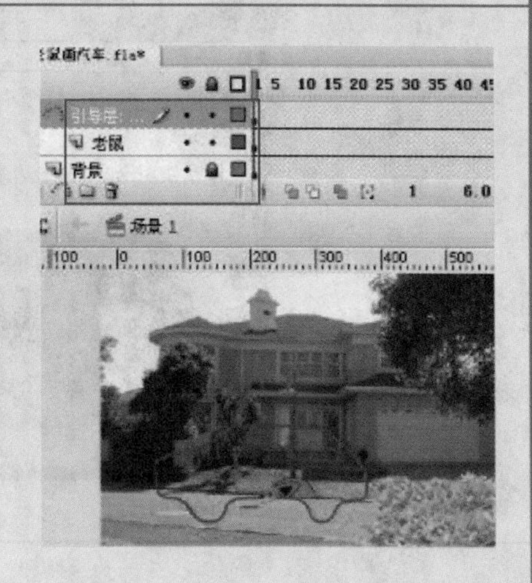

注意

轮廓线的起点和终点之间必须有一个小缺口，即不能是封闭的。

（7）选中“老鼠”层的第1帧，拖动“老鼠”图形元件将其放置到汽车轮廓的起始点，使元件的中心点和曲线起始点重合，如下图所示。

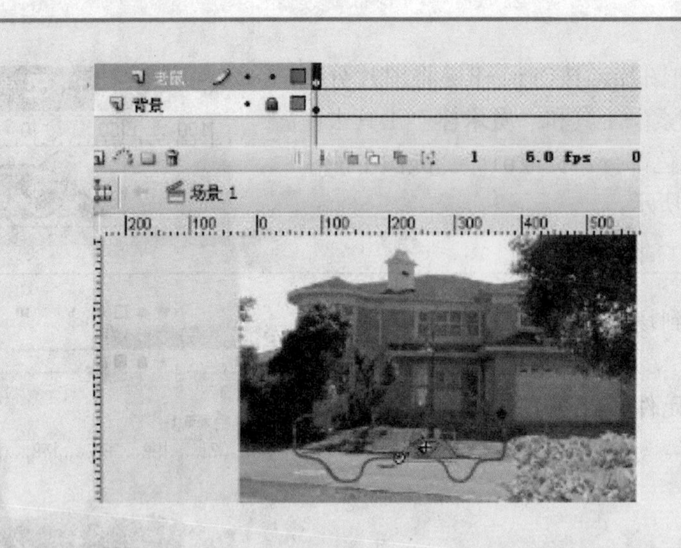

（8）选中“老鼠”层的第75帧，拖动“老鼠”图形元件将其放置到汽车轮廓的结束点，使元件的中心点和曲线结束点重合，如下图所示。

（9）在“老鼠”层的第1帧处单击鼠标右键，在弹出的快捷菜单中选择“创建补间动画”，图层面板如下图所示。

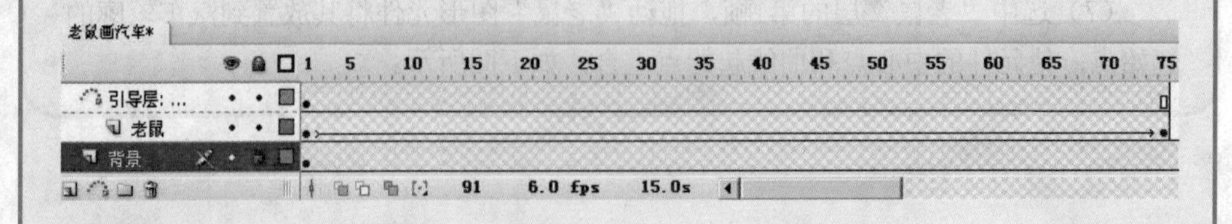

（10）选中“老鼠层”的第1帧，在“属性”面板中进行设置，老鼠沿汽车轮廓运动的动画就完成了，如右图所示。

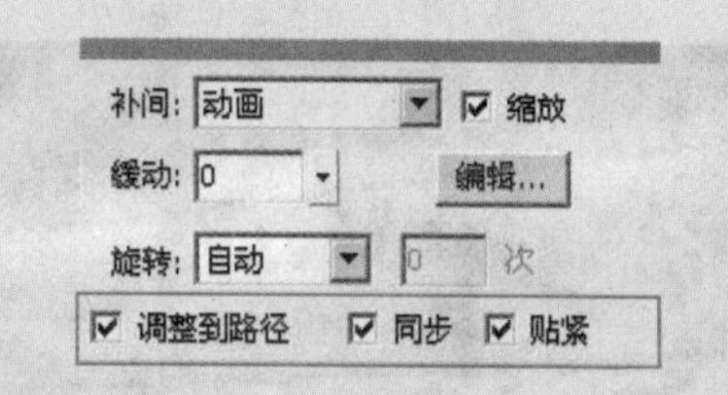

（11）插入图层3，将层名改为“汽车”，在汽车层的第5帧处插入关键帧，将“引导层”中第1~75帧复制到“汽车”层的第5~80帧，并将汽车图层中的汽车轮廓线设置为黄色，并调整其位置使其与引导线完全重合，如下图所示。

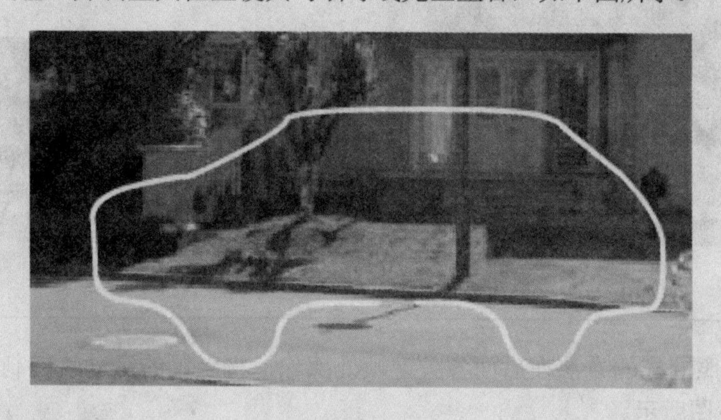

（12）在“汽车”层的第5、10、15、20、25、30、35、40、45、50、55、60、65、70、75、80帧处，按F6键插入关键帧。

（13）在汽车层的第5帧处擦除部分汽车轮廓线，只剩下如下图所示的黄色部分。

（14）在第10、15、20、25帧处分别擦除汽车轮廓线，使其分别剩下如下图中黄色轮廓线部分。

第10帧

第15帧

第20帧

第25帧

（15）按照同样的方法在后面各关键帧处擦除，将老鼠的运动轨迹制作出来。第80帧处如下图所示。

（16）在第90帧处按F6键插入关键帧，然后在90帧上按F9键打开“动作”面板，在动作面板窗口中输入“stop()”。

（17）“老鼠画汽车的动画”就制作出来了，按Ctrl+Enter键测试影片效果，按Ctrl+S键保存文件。

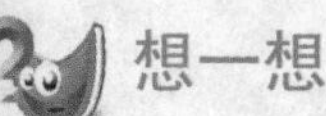

想一想

（1）本动画制作的关键是什么？

（2）在本动画制作中，为什么汽车轮廓线显示要滞后于老鼠的运动，在本例中是怎样实现的？

（3）引导层图层图标与普通图层有何区别？

要点提示

本实例中的老鼠实际上是沿设计者规定的路线（一个小车轮廓线）运动的，这种动画形式称之为“引导路径动画”。如下图所示，直接创建的动画只能沿着实线进行，而创建了引导路径之后，物体就可以沿着虚线弯弯曲曲地行走了。

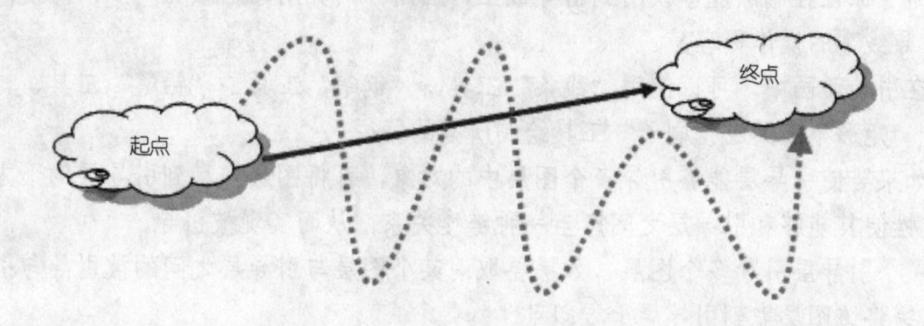

“引导路径动画”至少包括两个图层。放置运动引导线的一层位于上面，称为“引导层”，图标为；放置被引导物品的一层位于下面，称为“被引导层”，图标。

1.创建“运动引导层”

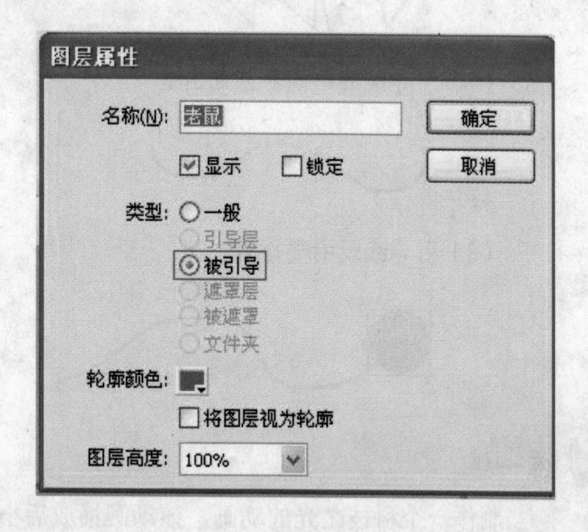

在Flash CS3中，创建运动引导动画的方法除了本例中的“添加运动引导层”命令和菜单命令外，还有如右图所示的“图层属性”对话框方法，操作方法是：选择一个图层，在鼠标的右键菜单中选择“属性”。如右图所示，选中“引导层”单选项，可将选择的图层设置为“运动引导层”，该图层前面出现了一个小斧头图标，这时它还不能制作“运动引导层”动画，只起到注释图层的作用，只有将其下方的图层设置为“被引导”图层后，才能制作“运动引导层”动画。

2.引导动画的设计技巧

(1) 利用属性面板中的“调整到路径”选项，选中该选项后对象的基线，就会调整到运动路径，可使动画对象沿着运动路径移动，并随路径方向改变角度，如下图所示。

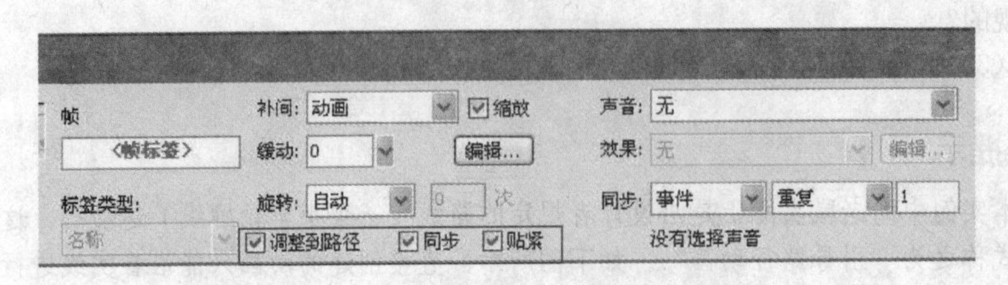

(2) 为了保证控制点能够吸附到引导线上，启用“对齐对象”按钮 ，可使“对象附着于引导线”的操作更容易。

(3) 在引导动画中，可以使用“线条”工具、“钢笔”工具、“铅笔”工具、“椭圆”工具、“矩形”工具或“刷子”工具绘制所需的路径。

(4) 如果要使引导层能够引导多个图层中的对象，可将图层拖动到引导层的下方或更改图层属性使其能够和引导层之间产生一种链接关系，从而实现被引导。

(5) 一个引导层引导多个图层，如果要取消某个图层与引导层之间的被引导与引导的关系，只需将该图层拖到引导层上方即可。

(6) 引导线转折处的线条不宜过急、不宜过多，否则Flash无法准确判定对象的运动路径。

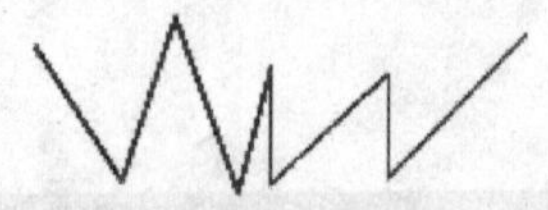

(7) 引导线的中间不能断开。

(8) 引导线吸附要准确。

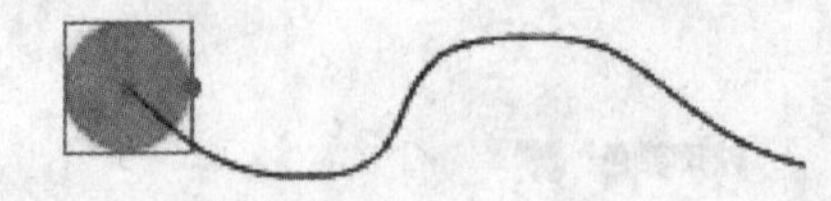

练一练

制作一个科技之光的动画，该动画播放后小球能沿椭圆形轨道运动，如右图所示。

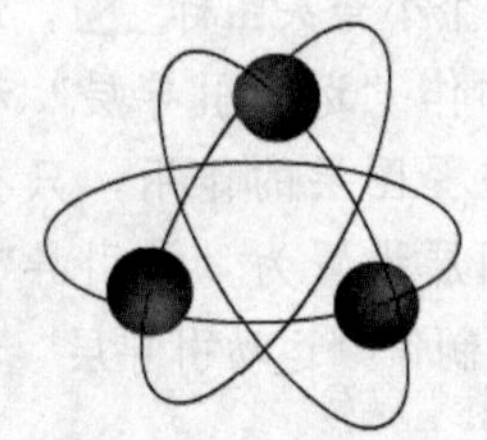

任务二 礼花绽放——遮罩层动画

任务概述

在浏览网页时，常常看到很多眩目神奇的效果，它们很多都是由“遮罩”功能完成的，如万花筒、水波、百页窗、放大镜、卷轴等，本任务将介绍遮罩原理及创建遮罩动画。

实例欣赏

打开“素材\模块五\礼花.swf”，将看到如下动画，光彩的礼花伴随着声音在城市上空升起。

本案例适用范围

网页环境设计、动漫环境设计、节日贺卡制作。

操作步骤

（1）新建Flash文件，设置影片大小、帧频为默认值，背景为黑色。

（2）环境元件的制作

①新建一个名称为“圆”的图形元件。用“椭圆”工具绘制一个宽和高均为59.0的无轮廓线的放射状填充的圆，如下图所示。

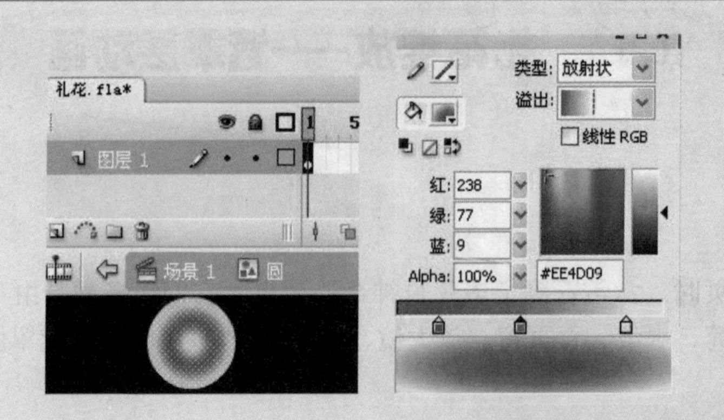

②新建一个名称为“礼花”图形元件，利用“刷子”工具、“选择”工具、“缩放”工具绘制一个如右图所示的礼花。

③新建一个名称为“礼花群”影片剪辑元件。在图层1的第1帧处，从库中拖入“圆”图形元件到舞台，如右图所示。

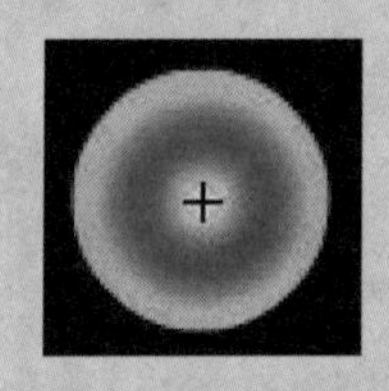

④在第20帧处按F6键插入关键帧，并将“圆”图形元件的宽和高均修改为“160”。创建1~20帧的“形状补间动画”，在第21帧处按F7键插入空白关键帧，如右图所示。

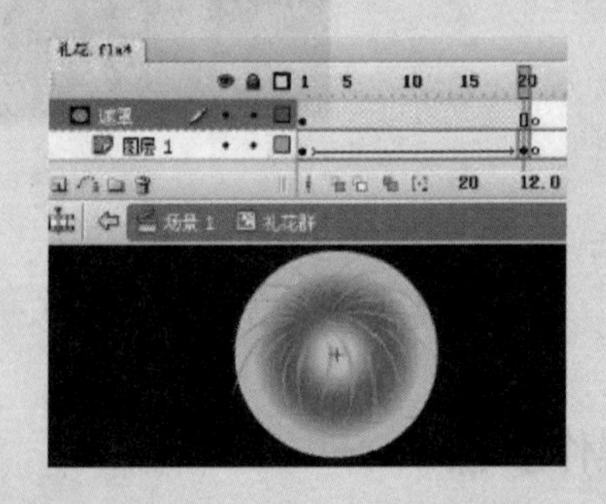

⑤插入图层2，将层名改为“遮罩”。在第1帧处拖入“礼花”元件，使其中心与“圆”的中心重合。在“遮罩”层名称上单击右键，在弹出的菜单中选择“遮罩层”，此时图层1自动变为被遮罩层。在“遮罩”层的第21帧处按F7键插入空白关键帧，第一个红色的礼花就做完了，“图层”面板和第21帧处的图形如下图所示。

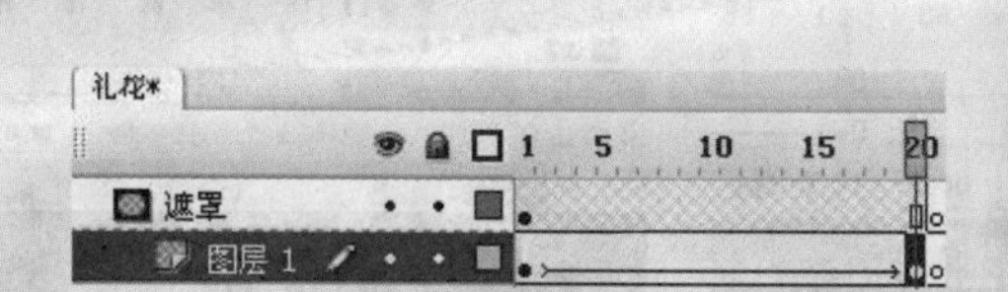

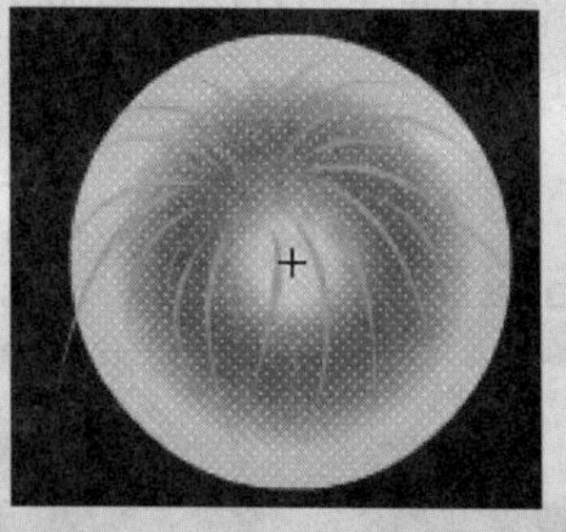

⑥在图层1的第30帧处按F6键插入关键帧，导入“圆”图形元件，在“属性”面板中，将“圆”的填充颜色改变成如下图所示效果。

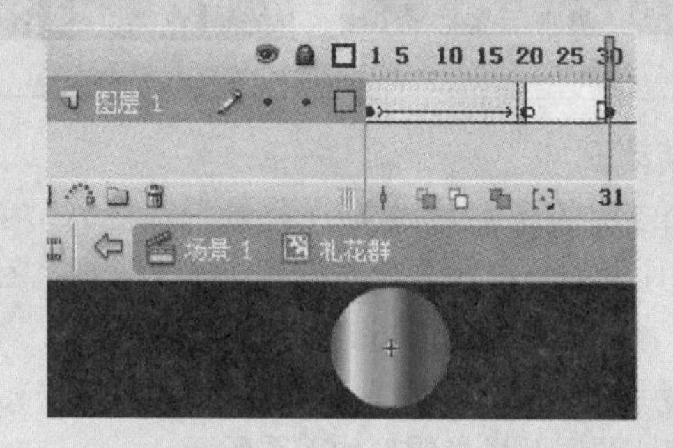

⑦在图层1的第50帧处插入关键帧，使用“任意变形”工具，将“圆”元件放大到160.0，创建第30~50帧的创建“形状补间”动画。在第51帧处按F7键插入空白关键帧。

⑧在“遮罩”层的第30帧按F6键插入关键帧，拖入“礼花”图形元件，调整“礼花”的中心与“圆”中心重合；在第51帧处按F7键插入空白关键帧。第30帧和第50帧处的图形如下图所示。

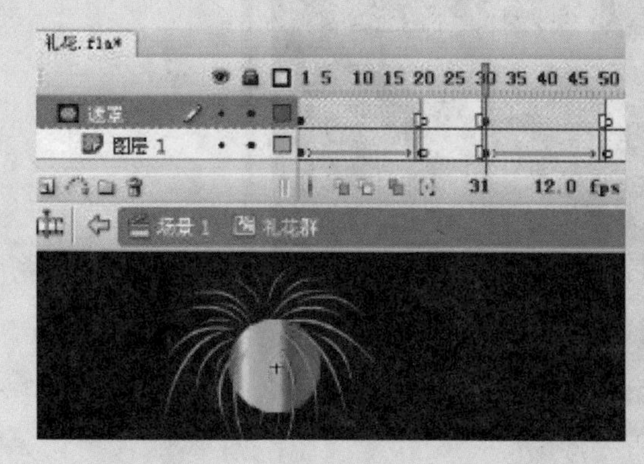

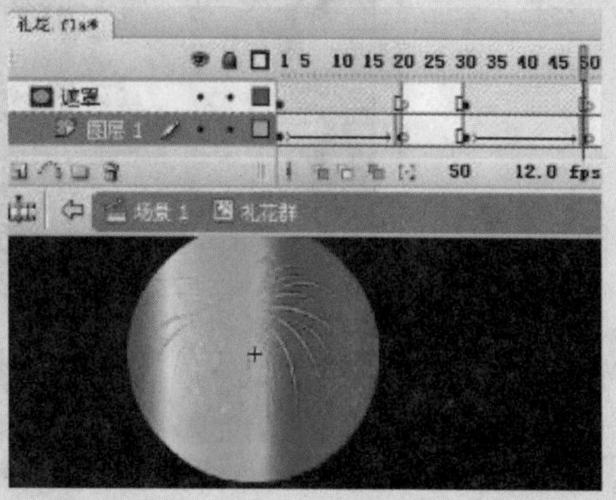

⑨采用同样的方法在第60~80帧处制作第3个礼花。第60帧和第80帧礼花效果如下图所示。

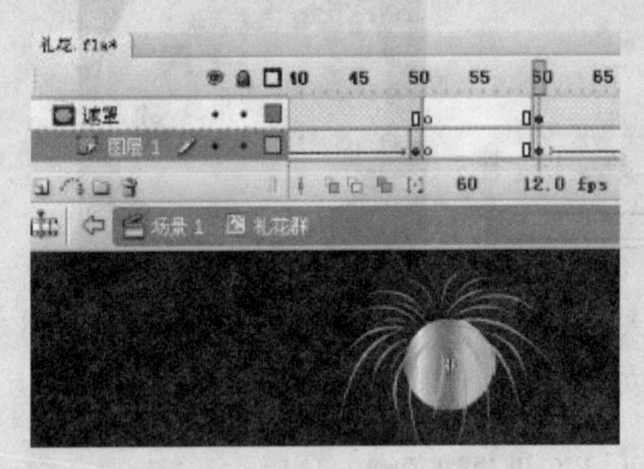

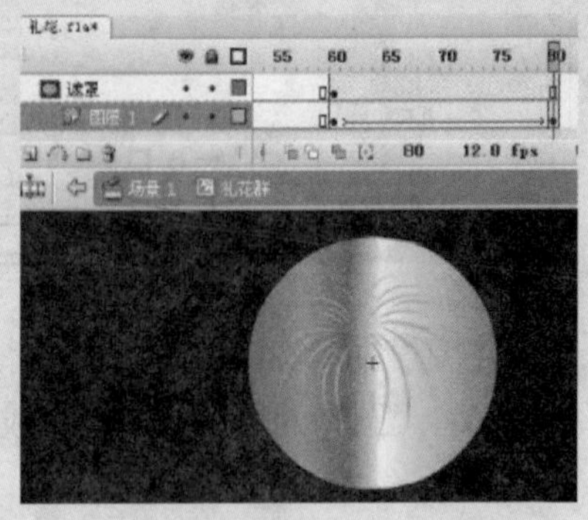

(3) 布置舞台，组装动画

①返回场景1，将第1层的层名称改为“背景”。导入“素材\模块五\夜景.jpg”到舞台,调整图片大小与舞台重合并将其转换“背景”图形元件，设置该元件的Alpha值为“50%”。在第85帧处按F5键插入普通帧。

②插入图层2，将图层名改为“礼花1”。在第1帧处放入“礼花”元件，在第80帧处按F5键插入普通帧，图层及场景图形如下图所示。

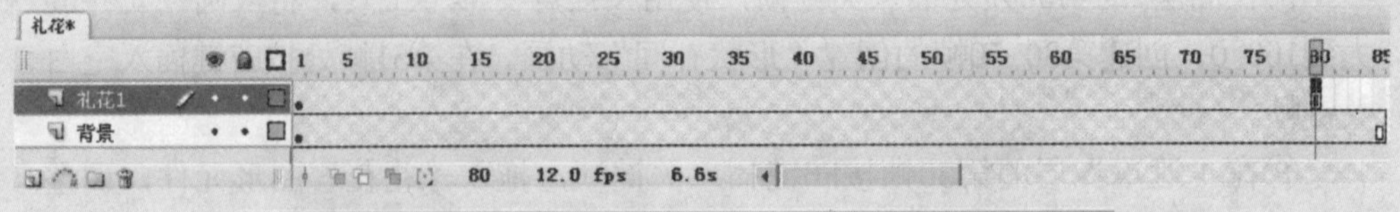

③插入图层3，将层名改为“礼花2”。在第5帧按F7键插入空白关键帧，拖入“礼花”元件到舞台，在第85帧处按F5键插入帧。

④插入图层4，将层名改为“声音”，在第5帧按F7键插入空白关键帧，选中声音层的第5帧导入“音效1”的声音文件；在第35帧按F7键插入空白关键帧，导入“音效2”声音文件，在第85帧按F5键插入普通帧。

⑤礼花绽放动画制作完成，按Ctrl+Enter键测试影片，“时间轴”面板如下图所示。

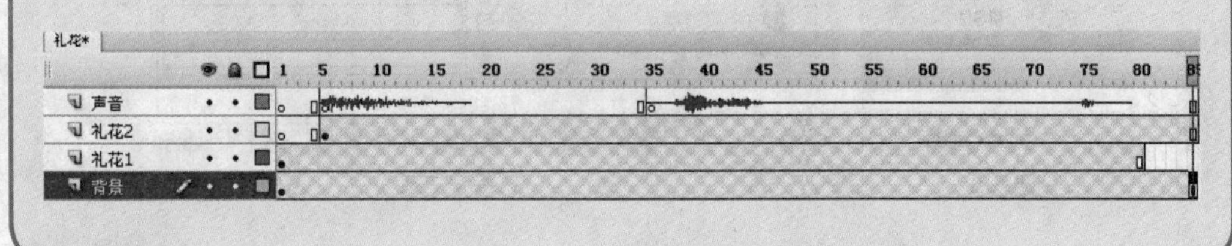

想一想

（1）制作礼花绽放的关键在哪一步？如果要一次显示三个礼花该怎样办？

（2）在动画中加入遮罩效果后，遮罩层与被遮罩层的层标志有什么变化？

（3）Flash中的遮罩和我们日常生活中所说的遮罩意义是相同的吗？

要点提示

本任务中的实例主要是利用了遮罩技术，“遮罩动画”是Flash CS3中一个很重要的动画类型，很多效果丰富的动画都是通过遮罩动画来完成的。

如下图所示，遮罩层相当于打开了一个窗口，透过这个窗口可以看到被遮罩层的内容。

被遮罩层

遮罩层

遮罩效果

Flash CS3中“遮罩”主要有两种用途：

- 用在整个场景或一个特定区域，使场景外的对象或特定区域外的对象不可见。
- 遮罩住元件的一部分，从而实现一些特殊的效果。

1.创建遮罩

只要在某个图层上单击右键，在弹出的快捷菜单中选择“遮罩层”，使命令的左边出现一个小勾，该图层就会生成遮罩层。“层图标”就会从普通层图标 变为遮罩层图标，系统会自动把遮罩层下面的一层关联为“被遮罩层”，在缩进的同时图标变为。如果要关联多层被遮罩，只要把这些层拖到被遮罩层下面就行了，如下图所示。

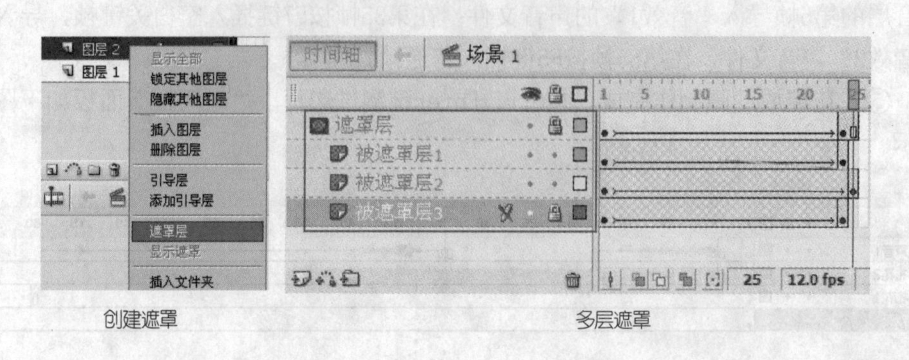

创建遮罩　　多层遮罩

遮罩动画可以是复合动画应用。在遮罩层和被遮罩层中，还可以放置各种其他的动画，如被间动画，引导层动画或一个独立的影片剪辑。通过多种排列组合，使遮罩变得更加多彩多姿。

2.遮罩层与普通层之间的转换

遮罩层与普通图层之间的转换，最常用的方法有以下两种：

• 菜单命令：在遮罩层上单击鼠标右键，在弹出的快捷菜单中选择“遮罩层”命令，即可将遮罩层又转换为普通层。

• 改变图层属性取消：双击遮罩层的图层图标，在打开“图层属性”对话框的“类型”中选中“一般”单选项，然后单击“确定”按钮。

练一练

（1）利用遮罩层知识制作一个百叶窗效果，该动画播放后的两幅画面如下图所示。

（2）制作一个卷轴效果，实现卷轴慢慢打开，文字逐渐显示出来，如下图所示。

知识窗

动画片爆炸的表现

动画片表现爆炸，主要是从以下三方面进行描绘：

（1）强烈的闪光：过程很短，一般只需8~12格(1 / 3~1 / 2秒),主要用“深淡差别很大的两种色彩的突变”，“放射形闪光出现后，从中心撕裂、迸散”和“用扇形扩散成浓淡几个层次”等手法来表现。

（2）被炸得飞起来的各种物体：先画出炸飞的主要物体的运动线(距离远时呈抛物线，距离近时扇形扩散)，并确定飞起的先后次序。为了表现纵深感，还要确定哪些物体飞起时由小到大，哪些由大到小。

（3）爆炸时产生的烟雾：由于爆炸物内所含的生烟物质不同，爆炸时烟雾的颜色也不一样，有白色、黄色、青灰色等，烟雾的运动规律是在翻滚中逐渐扩散、消失，速度比较缓慢。

任务三 风景这边独好——交互动画

任务概述

交互是Flash动画的闪光点，也是Flash动画的灵魂。在交互动画中用户不仅可观赏动画，还可以控制动画的播放，大大提高了用户与动画之间的互动性。本任务将讲述如何轻松制作交互动画。

实例欣赏

打开“素材\模块四\风景这边独好.swf”，将看到如下动画。通过单击“开始”按钮进行播放，单击“下一页”按钮进入下一画面，单击“上一页”按钮进入上一帧画面，单击“下一场景”按钮进入下一场景，单击“Replay” 按钮重新播放。

本案例适用范围

网站图片欣赏、企业产品广告展示、游戏交互设计。

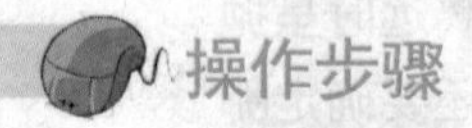

操作步骤

（1）建立文件

新建一个宽600像素，高400像素的蓝色背景Flash文档，并命名为“风景这边独好.fla”。

（2）构建环境元件

①新建一个名为“背景”的图形元件，在元件编辑窗口绘制如下背景图。

②单击“插入\新建元件”，新建一个名称为“开始”的按钮元件，如下图所示。

采用同样的方法再制作“首页”、“下一页”、“上一页”、“下一场景”按钮元件。

③导入所需素材“素材\模块五\001. jpg~010. jpg”这10张图片到库中。

（3）构建场景1

①返回场景1，将图层1的层名改为“背景”。在第1帧处将“背景”元件拖到舞台上并与舞台完全重合，然后输入文字：“风景这边独好”，在第11帧按F5键插入普通帧。

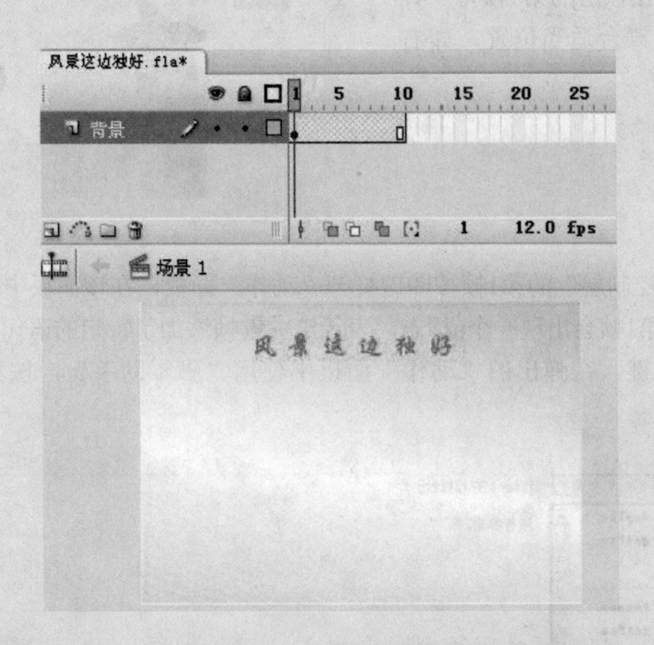

②在背景层上方插入“图片”层，在该层的第1~10帧各放入一张图片，设置各帧图片的位置和大小都相同，如下图所示。

③在“图片”层的上方插入“控制层”。在该层的第1帧将“开始”按钮拖到舞台适当位置，如右图所示。

④选中“控制层”的第1帧按F9键打开“动作”面板，在该面板中输入语句：stop()；此时第1帧会出现一个a标志，表示给关键帧添加了特定的语句。选中“开始”按钮按F9键，在弹出的“动作”面板中使用“脚本助手”，按如下图进行设置。

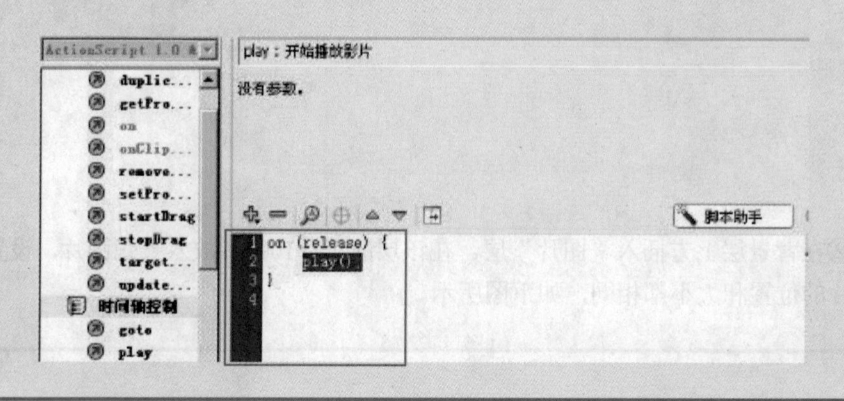

⑤在“控制层”的第2帧按F7键插入空白关键帧，将“首页”、“下一页”、“上一页”和“下一场景”按钮元件从库中拖到舞台上，按下图所示位置放置。

⑥选中第2帧，按F9键打开“动作”面板，在“动作”面板中输入：stop()；选中“首页”按钮按F9键，在弹出的“动作”面板中，使用“脚本助手”进行如下图所示的设置。

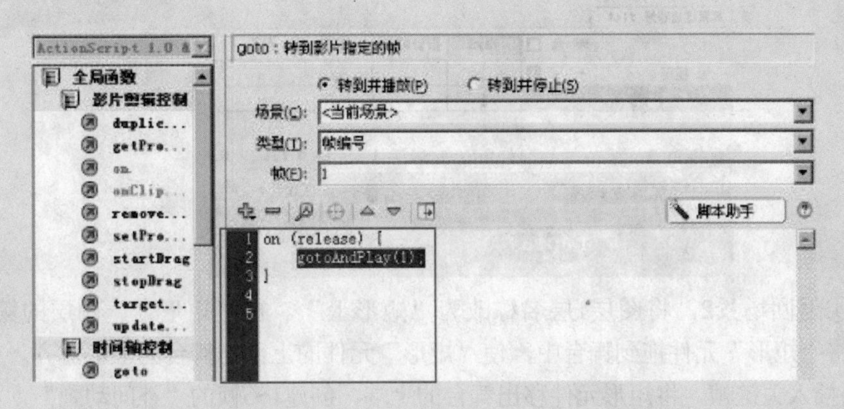

⑦选中“下一页”按钮按F9键，在弹出的“动作”面板中，使用“脚本助手”进行如下图所示设置。

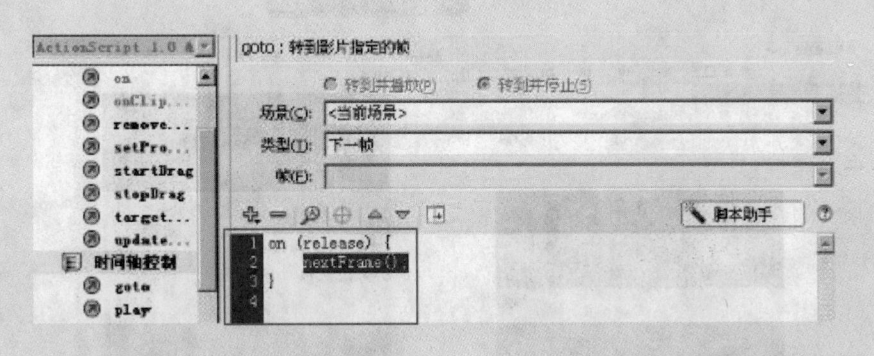

⑧选中“上一页”按钮按F9键，在弹出的“动作”面板中，使用“脚本助手”进行如下图所示的设置。

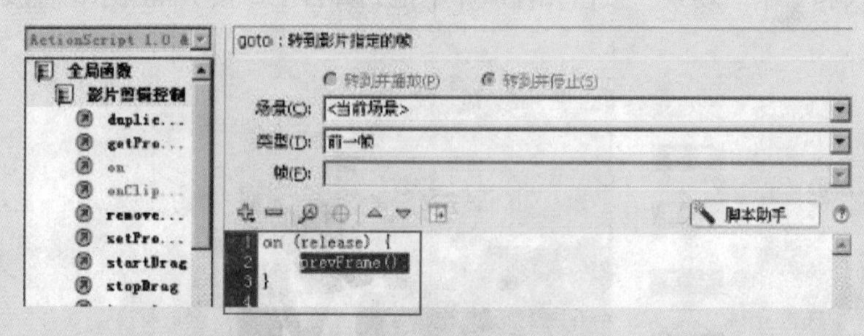

（4）构建场景2

①单击“插入\场景”，新建场景2。

②新建名称为“矩形”的影片剪辑元件，使用“矩形”工具绘制一个长600像素、宽200像素的黑色填充无外部轮廓线矩形。

③新建一个“replay”按钮元件，如下图所示。

④返回场景2，将图层1层名称改为“矩形上”。在“矩形上”图层的第1帧处，将“矩形”元件拖到舞台中，使“矩形”元件的上部与舞台的上部对齐。在第5帧处插入关键帧，将矩形元件移出舞台的上端，创建1~5帧的“补间动画”，如下图所示。

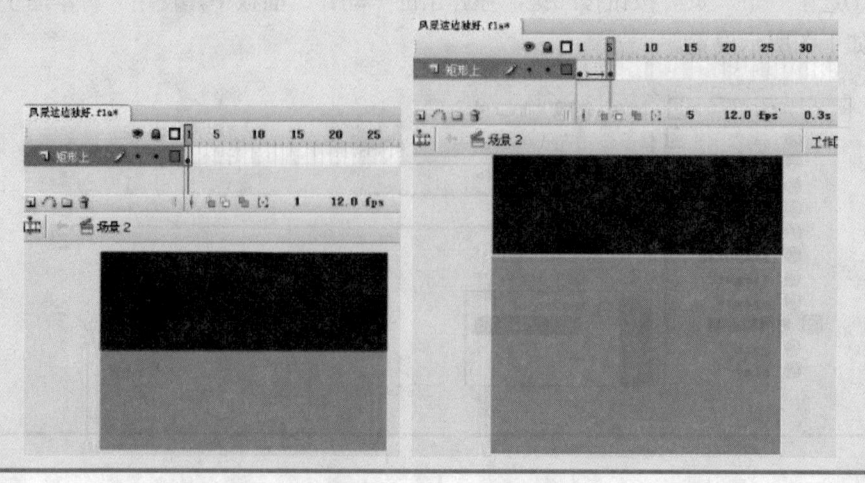

⑤插入图层2，将图层2名称改为“矩形下”。在“矩形下”图层的第1帧时，将“矩形”元件拖到舞台中，使“矩形”元件的下部与舞台的下部对齐。在第5帧处按F6键，将矩形元件移出舞台的下端，在第1~5帧创建“补间”动画，如下图所示。

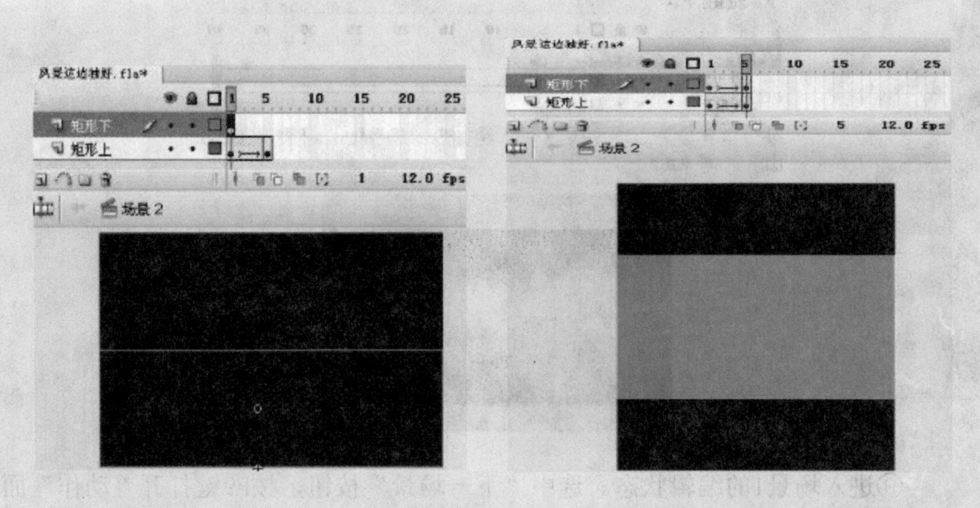

⑥插入图层3，将图层3的名称改为“文字”。在文字层的第6帧处按F7键插入空白关键帧，输入文字：

我走走停停地观赏这里美丽的景色，当我看到这里每一处漂亮的景色时，我不由得停下了脚步。因为这里的景色实在是迷人，它用那能发电的眼睛，使我留在这里。我一下子惊呆了，因为我从来没有见过这样有生机的、充满活力的美景。它美得令人陶醉，美得令人痴迷，美得令人赞叹不已！

——风景这边独好

⑦选中第1帧，将文字移到舞台下方，在第40帧处插入关键帧，再将文字移到舞台中央。创建1~40帧的“补间”动画，在第40帧处按F9键打开“动作”面板输入：stop()；。在第40帧处将“replay”按钮拖到舞台中如下图所示的位置。

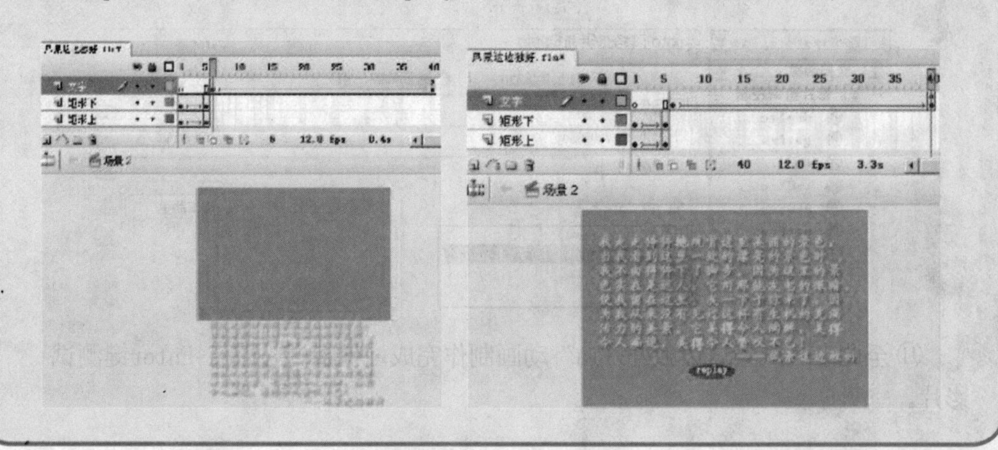

⑧插入“矩形遮罩”图层。在该层的第6帧处按F7键插入空白关键帧，将“矩形”元件拖到舞台中并设置该元件的宽为600像素，高为300像素，用“矩形遮罩”层遮罩“文字”层，如下图所示。

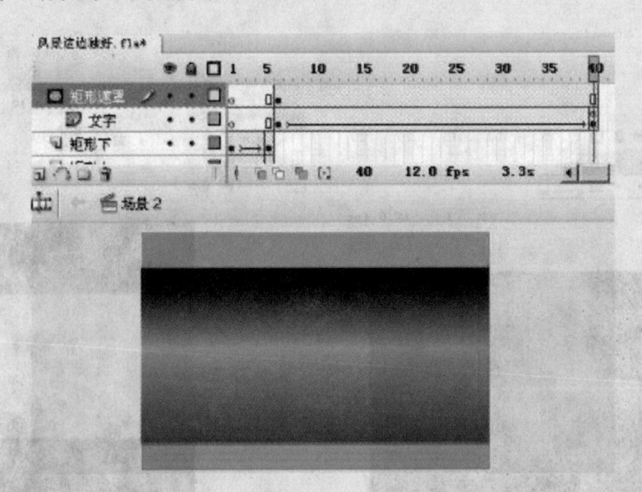

⑨进入场景1的编辑状态。选中“下一场景”按钮，按F9键打开“动作”面板，使用“脚本助手”进行如下图所示的设置。

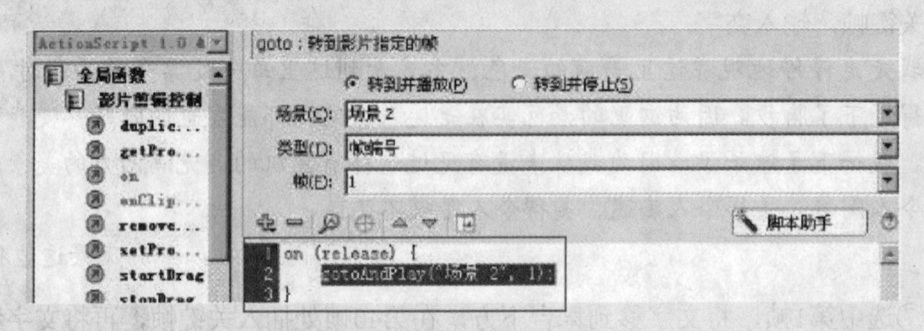

⑩返回场景2，选中“replay”按钮按F9键打开“动作”面板，使用“脚本助手”进行如下图所示的设置。

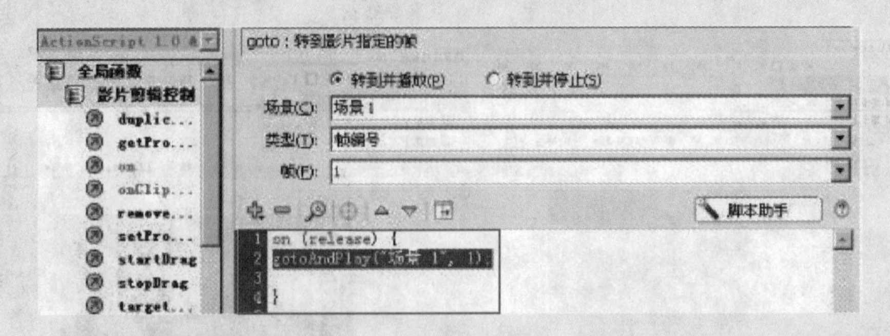

⑪ 至此，“风景这边独好.fla”动画制作完成，保存并按Ctrl+Enter键测试影片。

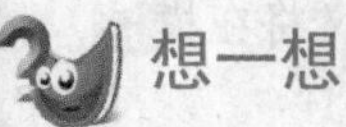

想一想

（1）观察在帧中添加代码后，其帧上方有什么变化？

（2）在本例中，动画播放可以被控制是通过什么实现的？实现交互还有其他方法吗？

要点提示

本任务中的实例直接利用按钮和简单的脚本语句实现了用户和动画之间的交流，这种动画称为“交互动画”。

“交互”事件由按钮、影片剪辑、组件等特定对象完成，包括“触发事件”和“响应事件”，前者是产生交互的原因，后者是交互的结果。通常交互可以用按钮元件来实现，如本例中的“首页”、“下一页”、“下一场景”和“replay”等按钮都完成了交互任务。

1.Flash CS3中交互的实现方法

在Flash CS3动画制作中，交互通常由以下方法实现：

（1）帧跳转：在时间轴上插入一个关键帧，在关键帧上放置Stop（）；命令，每个关键帧放置不同的交互内容，然后用按钮进行跳转。

（2）场景跳转：场景跳转使动画的流程线结构更加清晰，但是场景跳转有一个致命的缺陷：如果有一个需要在整个电影中监视的变量，将其定义在场景一中，会发现从场景一跳到场景二后变量找不到了。这是因为在Flash中每个场景是互相独立的。

（3）影片剪辑跳转：将每个交互内容做成影片剪辑元件，然后用按钮控制影片剪辑内部流程线实现交互。

交互动作需要添加脚本，在Flash CS3中通过“动作”面板加入，执行“窗口\动作”命令或按F9键打开“动作”面板，如下图所示。

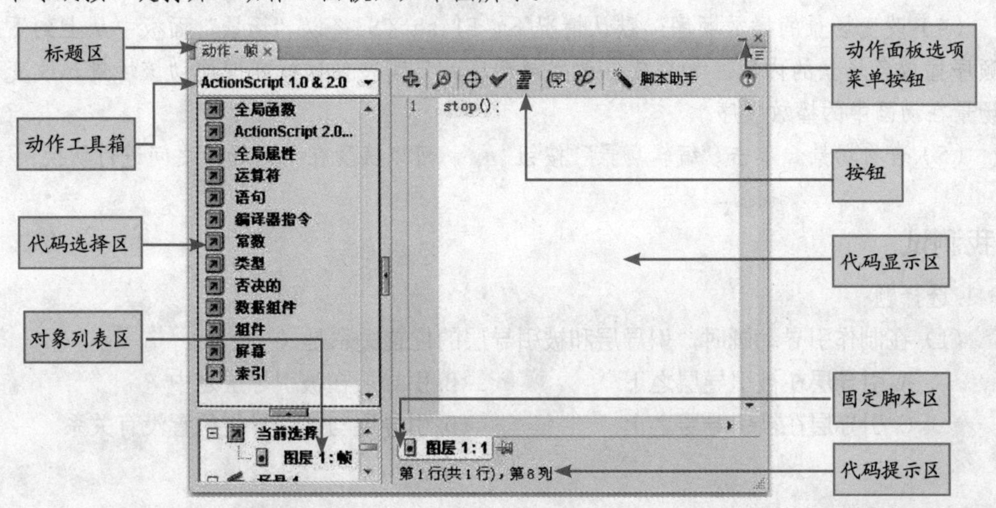

常用的简单脚本语句有Play、Stop、GotoAndPlay、GotoAndStop等，具体含义将在模块八中详细介绍。

2.图层和场景

Flash CS3中的图层与其他软件中的图层基本一致，也有上面图层遮住下面图层的属性，不同的是Flash CS3中多了几个前面介绍的“引导图层”、“遮罩图层”、“被遮罩图层”等内容，在前面已有讲述，下面主要介绍场景知识。

Flash CS3中，场景就好比是一个工作台，动画中的所有要素都是通过场景制作的。场景的中心位置就是舞台。通俗地讲，时间轴相当于表演的时间，舞台就像表演的场所。元件就是演员，可以在后台（就是库）进行编辑，然后在舞台上面表演。

（1）插入新场景：在制作动画的过程中，有时需要换为另一个画面，可以创建其他的场景。创建其他场景有两种方法：

- 单击“插入\场景”命令，可以创建一个新场景。
- 通过“场景”面板中的“增加新场景”按钮来创建新场景。

（2）设置场景属性：场景属性决定了动画影片播放时的显示范围和背景颜色。场景属性主要是通过“文档属性”对话框进行设置的，前面已有相关讲述，在此不再介绍。

（3）场景面板：单击“窗口\其他面板\场景”命令，弹出“场景”面板，在“场景”面板中修改场景的属性，如下图所示。

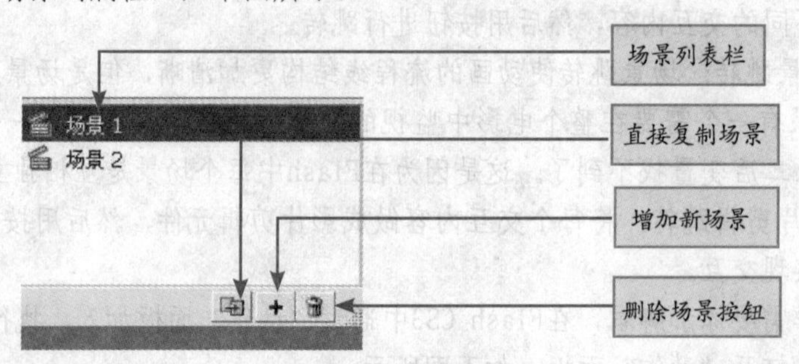

（4）改变场景的播放顺序：默认情况下，Flash CS3将以“场景”面板中从上到下的顺序播放各场景的内容。如果要修改播放顺序，只需按住鼠标左键拖动该场景，改变该场景在动画中的播放顺序。

（5）查看场景：单击“编辑场景”按钮 ，可以实现在不同场景之间进行切换。

自我测试

1.选择题

（1）在制作引导动画时，引导层和被引导层的位置关系是（　　）。

A.引导层在被引导层之下　　B.引导层在被引导层之中

C.引导层在被引导层之上　　D.引导层与被引导层位置没有关系

（2）下面对创建遮罩层动画操作的说法，错误的是（　　）。

A.通过遮罩层的小孔显示的内容所在的层在遮罩层的下面

B.Flash CS3将忽略遮罩层上的位图图像、过渡颜色和线条样式

C.遮罩层上的任何填充区域都将是不透明的，非填充区域都将是透明的

D.在遮罩层没有必要创建有过渡颜色的对象

（3）下面说法错误的是（　　）。

A.遮罩层可以制作动画　　B.被遮罩层可以制作动画

C.遮罩层在被遮罩层的上方　　D.遮罩层在被遮罩层的下方

（4）打开动作面板的快捷键是（　　）。

A.Ctrl+L　　B. F8　　C.F9　　D.Shift+F9

2.操作题

（1）制作一个蝴蝶飞舞的动画。要求：红色的蝴蝶和蜻蜓沿同一曲线运动，蓝色的蝴蝶沿另一条曲线运动。该动画播放前后的两幅画面如下图所示。

（2）制作一个星星绕环运动的动画，如下图所示。

（3）制作一个文字遮罩动画，如下图所示。

（4）制作一个万花筒特效动画，该动画播放前后的几个画面如下图所示。

（5）制作“浪漫桃花雨”，该动画播放前后的画面如下图所示。

加入声音和视频

模块综述

声音是多媒体的一大要素，Flash CS3提供了许多使用声音的方式。可以使声音独立于时间轴连续播放，或使动画与一个声音同步播放,还可以向按钮添加声音，使按钮具有更强的感染力。同时Flash CS3视频具备创造性的技术优势，允许把视频、数据、图形、声音和交互式控制融为一体，从而创造出引人入胜的丰富体验。

通过这个模块的学习，你将可以:

- 了解声音的相关知识和声音的特性;
- 熟练掌握声音的应用，并能制作出具有交互性的动物音乐按钮;
- 掌握视频的导入和导出知识，并能制作出能自由控制的环保电影片。

任务一　动物按钮——声音的应用

任务概述

本任务通过制作“动物叫声”按钮实例讲述在Flash CS3中插入声音与声音文件的简单编辑知识。

实例欣赏

打开“素材\模块六\动物按钮.swf”，你将会听到流水声，如果将鼠标放到图中的动物上面，还会听到相应的动物叫声。

本案例适用范围

卡通动画片设计、游戏角色设计、动漫环境设计。

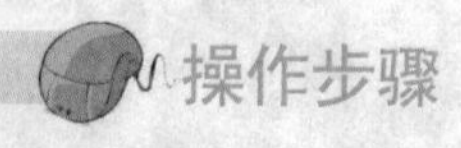

操作步骤

（1）打开Flash CS3，新建一个584像素×425像素黑色背景的Flash文件（Action script2.0）。

（2）执行“文件\导入\导入到库”命令，弹出“导入到库”对话框，选择“素材\模块六”文件夹中相应的声音和图形文件，单击“打开”按钮，将声音和图形导入到库，此时库内容如右图所示。

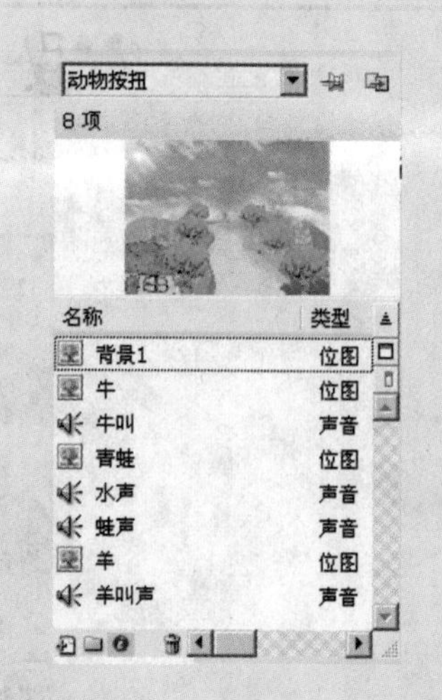

提示

声音、图形、视频及其他可以导入Flash CS3的一切文件，都可以使用此方法一次性导入，即为Flash CS3导入外部文件的通用方法。

（3）新建一个名称为“niu”按钮元件，在按钮元件的图层——“弹起”状态下将“牛”的图形从库中拖入元件中，并相对于舞台水平和垂直居中，在“指针经过”状态下插入关键帧，并将“牛”的图形按纵横比例放大一些，如右图所示。

（4）新建一图层，在“指针经过”状态下插入空白关键帧。将“牛叫”声音从库中拖到元件中，此时会看到此帧处有声音波形出现，如右图所示。

（5）重复第3和第4步，再建立“yang”和“qingwa”按钮元件。

（6）返回场景1，将“背景1”从库中拖入到舞台中，并相对于舞台水平和垂直居中对齐，在第40帧处按F5键插入帧，如下图所示。

（7）新建图层2，在第1帧处将“水声”元件拖到舞台中。选中该层中的第1帧，在“属性”面板中将声音设置为“数据流”类型声音，如右图所示。

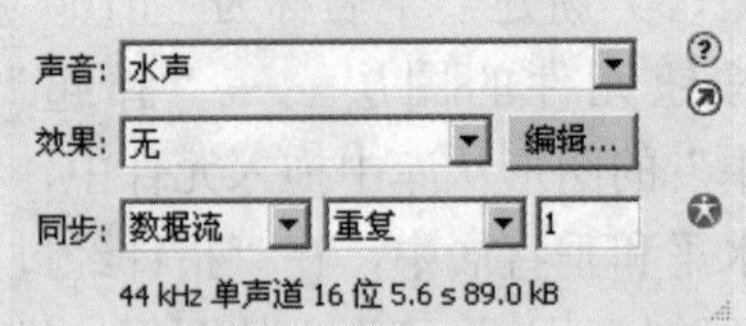

（8）新建图层3，在图层面的第1帧处将“niu”、“yang”和“qingwa”等按钮元件拖入舞台，放入适当的位置，可调整其大小和方向，效果如下图所示。

（9）将文件以“动物按钮”为文件名保存，按Ctrl+Enter键欣赏效果。

要点提示

本任务中的实例通过“动物叫声”按钮的制作，讲述了声音的导入和引用的方法。其实导入到动画中的声音不一定全部都需要，有时只需要其中一少部分，因此还需要掌握声音的编辑。下面详细讲述声音的导入和编辑方法。

声音的本质是在空气、水等各种介质中传播的机械波，称为“声波”。声波传到人的耳朵时，振动的耳膜触动神经，传导到脑部，就形成了声音的的感知。能够产生愉悦感觉的声音就是“乐音”；让人产生烦燥感觉的声音就是“噪音”。

1.声音的分类

Flash CS3中声音分为两类：事件声音和数据流式声音。

●事件声音：在播放时必须完全下载，事件声音与它所在的关键帧同时发生，即它所在的关键帧开始播放时它就播放，然后它的播放与时间线无关，即使时间线已经播放结束，它仍然继续播放。

●数据流式声音：与事件声音不同，在下载若干帧后，只要数据足够，数据流式声音就可以开始播放。无论声音是否播放完毕，它都会随着动画的结束（即关键帧的结束）而结束。数据流式声音还可以做到与时间轴上的动画同步。通常在制作Flash MV、处理音乐和歌词同步时，将声音同步设置为数据流式声音。

2.声音的导入

（1）在Flash CS3中不能录音，要使用声音只能通过导入声音的方式，所以必须要使声音以一个文件的方式保存下来才能导入到Flash影片中。

（2）在Flash CS3中可以导入的多种格式的声音文件，能直接导入Flash的声音文件，主要有WAV和MP3两种格式。另外，如果系统上安装了QuickTime 4或更高的版本，就可以导入AIFF格式和只有声音而无画面的QuickTime影片格式。

（3）声音属于外部文件，可以利用导入外部文件的通用方法导入。即执行“文件\导入\导入到库”命令，弹出“导入到库”对话框，在该对话框中选择要导入的声音文件，单击“打开”按钮，将导入声音文件。

（4）直接将声音文件拖入已打开的影片文件即可。

3.声音的引用

将声音从外部导入Flash中以后，时间轴并没有发生任何变化。必须引用声音文件，声音对象才能出现在时间轴上，才能进一步应用声音。

在需要引入声音处插入空白关键帧，然后将“库”面板中的声音对象拖放到场景中。发现“声音”相应的帧处出现一条短线，这其实就是声音对象的波形起始，任意选择后面的某一帧，比如第23帧，按下F5键，就可以看到声音对象的波形，如下图所示。这说明已经将声音引用到“声音”图层了。这时按Enter键，就可以听到声音了。如果声音很长，可以在后继帧中按F5键，则在图层中将会看到更多的声音波形，直到加入完。

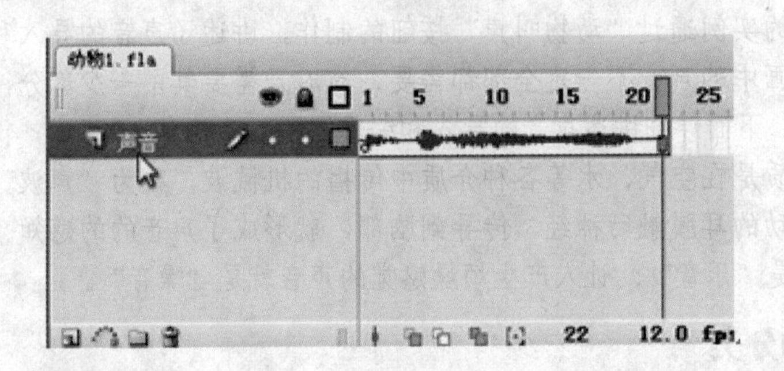

4.声音的属性设置

声音属性设置：选择有声音的第1帧，打开“属性”面板，如下图所示。

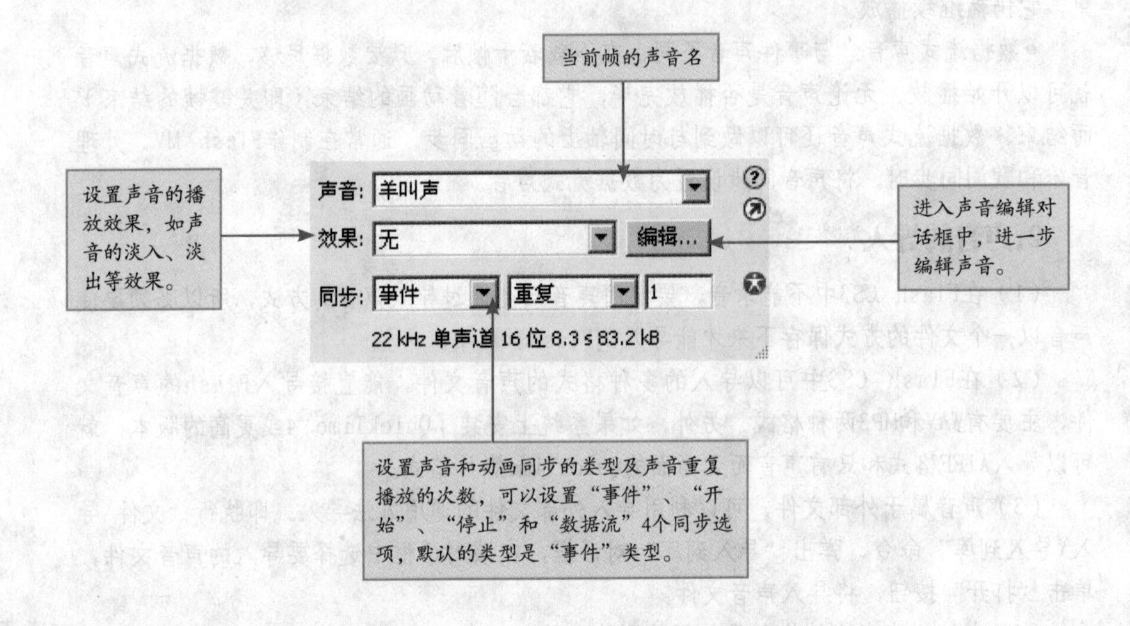

5.声音的编辑

不是每一个声音都符合动画情节或画面，有时要对文件进行处理，Flash CS3提供了简单的声音编辑功能，其操作方法如下：

（1）在帧中添加声音，或选择一个已添加了声音的帧，然后打开“属性”面板，单击右边的“编辑”按钮。

（2）弹出“编辑封套”对话框，可根据需要进行编辑，如下图所示。

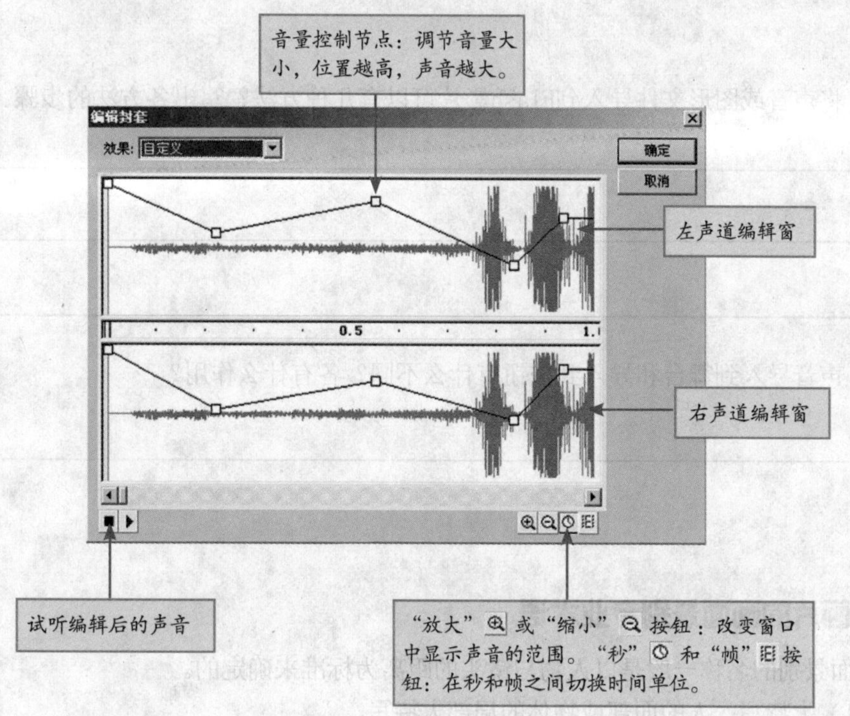

6.压缩声音

Flash动画流行的一个重要原因就是它的体积小，这是因为输出动画时，Flash会采用很好的方法对输出文件进行压缩，包括对文件中的声音的压缩。但是，如果对压缩比例要求得很高，那么就应该直接在“库”面板中对导入的声音进行压缩。操作方法如下:

双击“库”面板中的声音图标，打开“声音属性”对话框。根据需要进行设置，完成之后单击“确认”按钮即可，如下图所示。

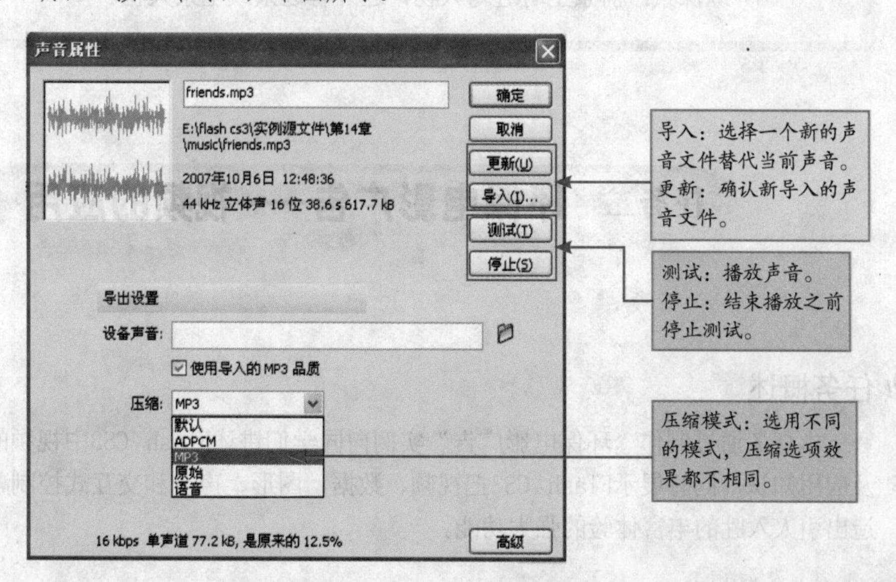

想一想

（1）将声音或图形文件导入到Flash影片可以有几种方法？写出各方法的步骤。

（2）声音导入到舞台和导入到按钮有什么不同？各有什么作用？

知识窗

动画片的画面景别专业术语

画面景别的名称一般是以人物与镜头的距离为标准来确定的。

（1）大特写：人的面部或物体的局部大特写。

（2）特写：肩以上的头部或物体近拍特写。

（3）近景：腰部以上的半身近景。

（4）中景：膝盖以上的人物。

（5）全景：人物的全身或群像。

（6）远景：全身或周围环境。

（7）全远景：有广大空间的自然环境，人物很小。

（8）纵深景：前景上有近写人物，远外有远景或全景人物。

任务二　环保电影广告——视频的应用

任务概述

本任务通过制作“环保电影广告”实例向同学们讲述Flash CS3中视频的导入、处理及应用知识，同时展示Flash CS3把视频、数据、图形、声音和交互式控制融为一体，创造出引人入胜的丰富体验的强大功能。

实例欣赏

打开“素材\模块六\环境保护.swf”，将会欣赏到很酷的环保电影广告。

本案例适用范围

网页片头制作、动漫片头制作、教育影片制作、个人DV制作。

操作步骤

（1）新建一个Flash CS3影片文档，并设置其宽为320像素，高为240像素。

（2）执行“文件\导入\导入视频”命令，如下图所示。

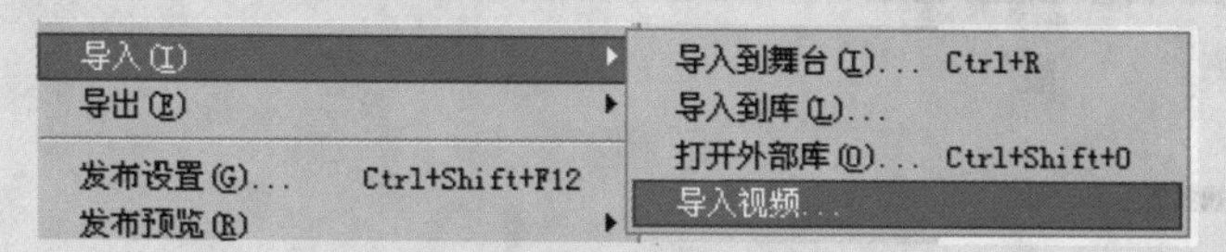

（3）在弹出“导入视频”中选择第一项，如下图所示。

提示

这里有两种选择：

- 如果视频存放在自己的计算机上，选择“选项1”选项，单击“浏览”按钮，像使用其他软件选择计算机中的文件方法一样，将计算机某个盘符下某个文件夹中的视频文件选中。
- 如果视频已经上传到网络服务器上，例如，你有个人网站，则已经把视频上传到托管的网站空间，则你就选择“选项2”，在框中输入确切的网址。

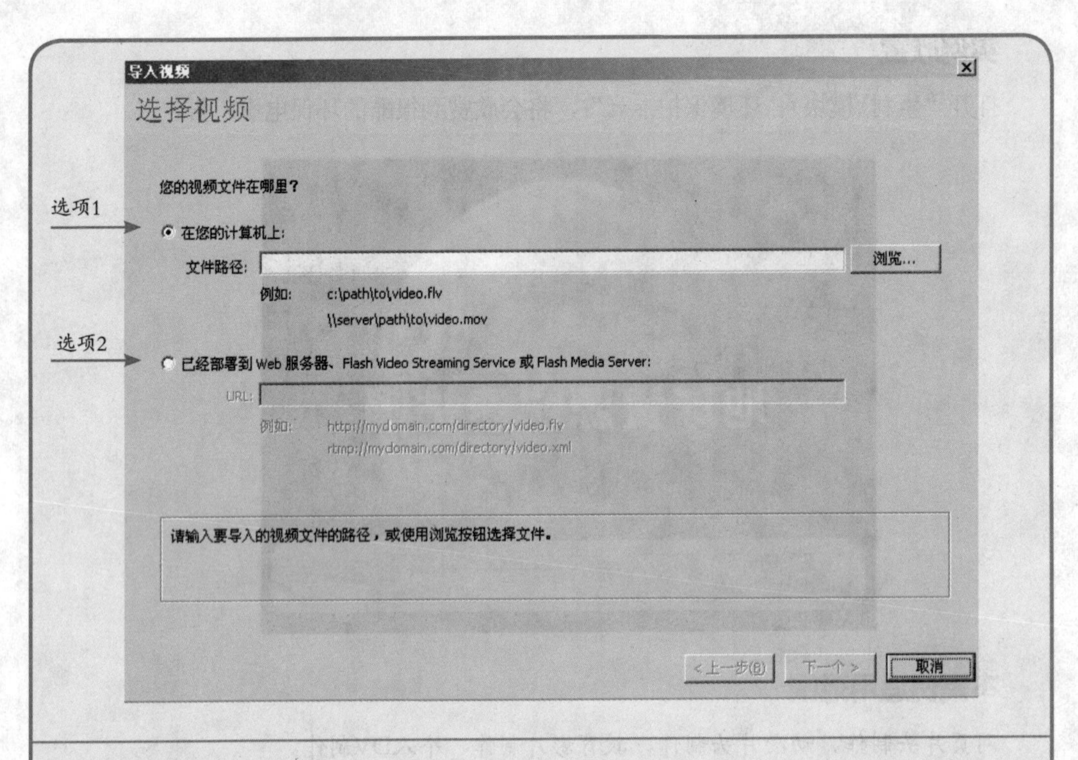

(4) 在“文件路径”后面的文本框中输入要导入的视频文件的本地路径和文件名。或者单击后面的“浏览”按钮，弹出“打开”对话框，在其中选择要导入的视频文件单击“打开”按钮，这样“文件路径”后面的文本框中自动出现要导入的视频文件路径。

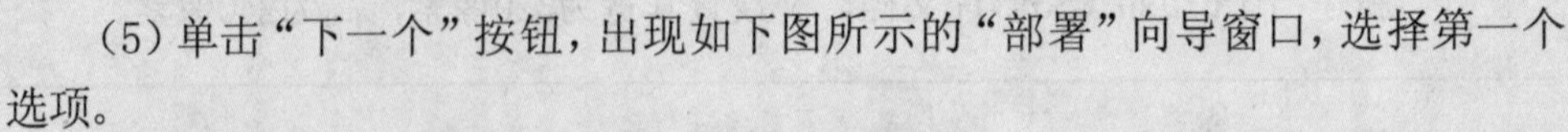

(5) 单击“下一个”按钮，出现如下图所示的“部署”向导窗口，选择第一个选项。

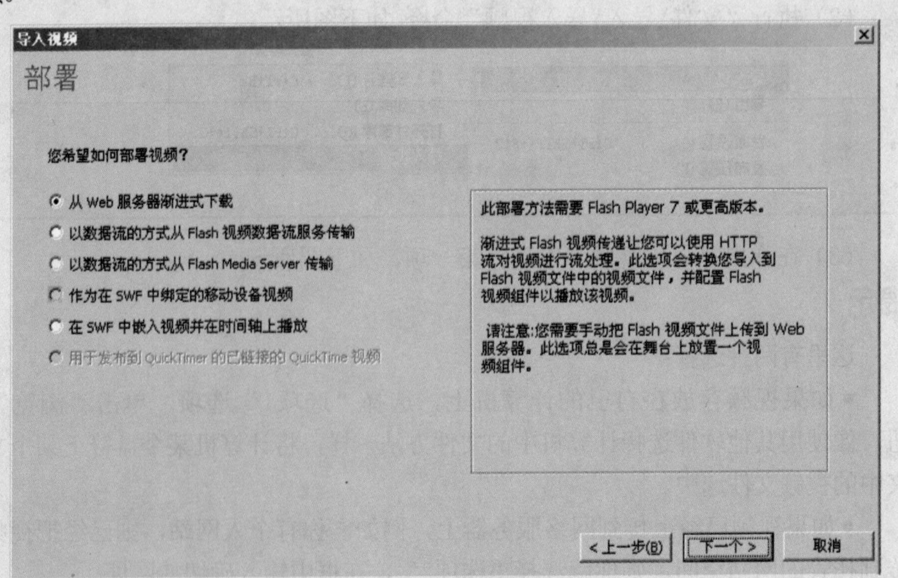

(6) 单击“下一个”按钮，出现如下图所示的“编码”向导窗口。

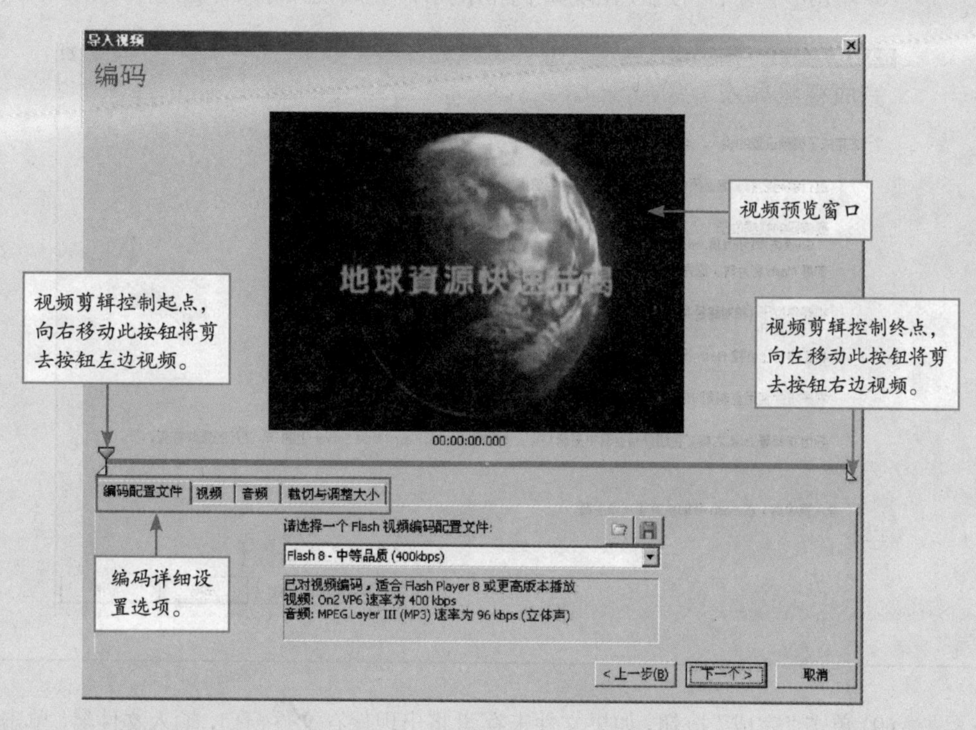

(7) 单击“下一个”按钮，出现如下图所示的“外观”向导窗口。在此窗口中可以选择播放器的外观、颜色或自定义外观。

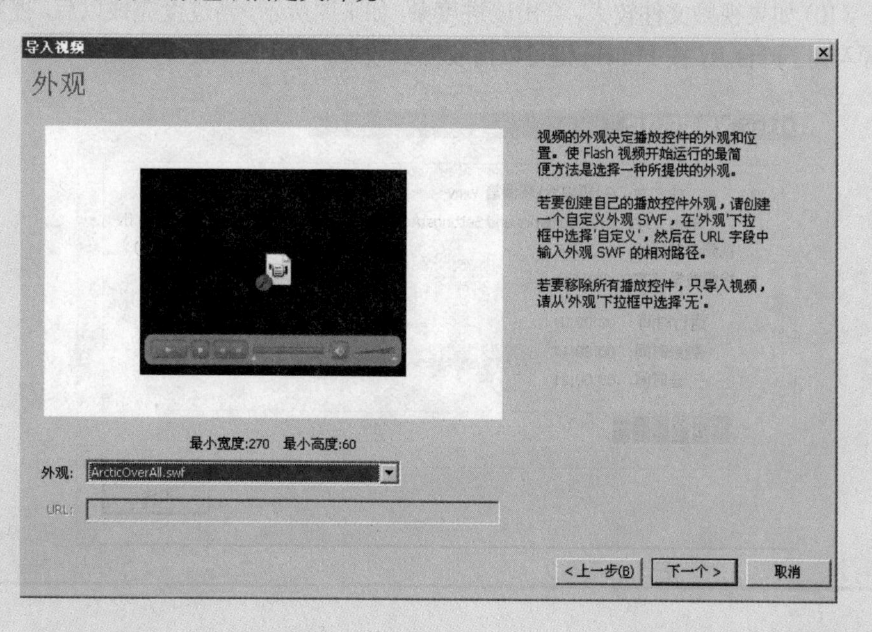

(8) 单击“下一个”按钮，出现如下图所示的“完成视频导入”向导窗口。

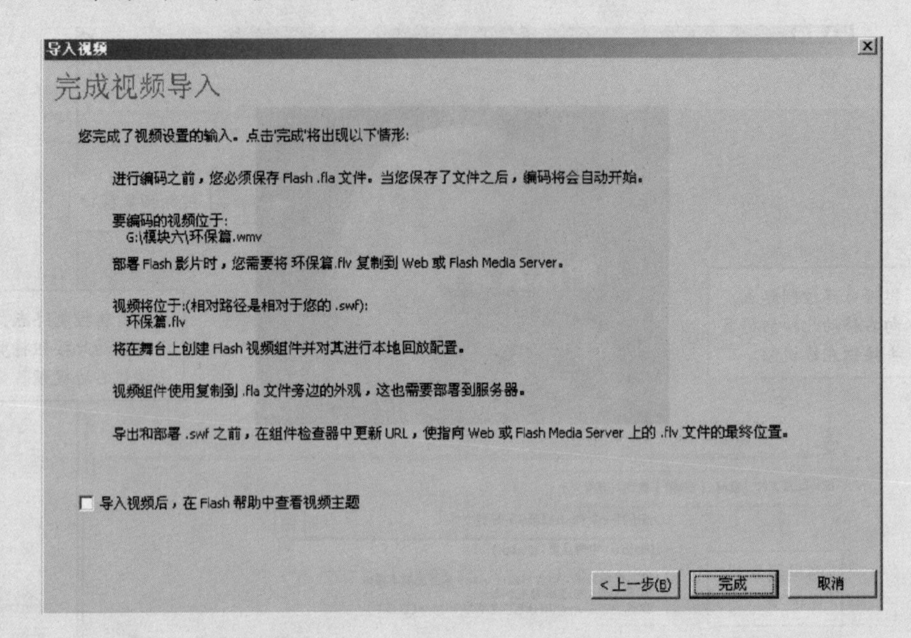

(9) 单击“完成”按钮，如果文件未存盘将出现保存文件窗口，输入文件名，单击“保存”按钮。

(10) 如果视频文件较大，会出现进度条，如下图所示。当进度完成以后，视频就被导入到了舞台上，按下Enter键可以播放视频效果。

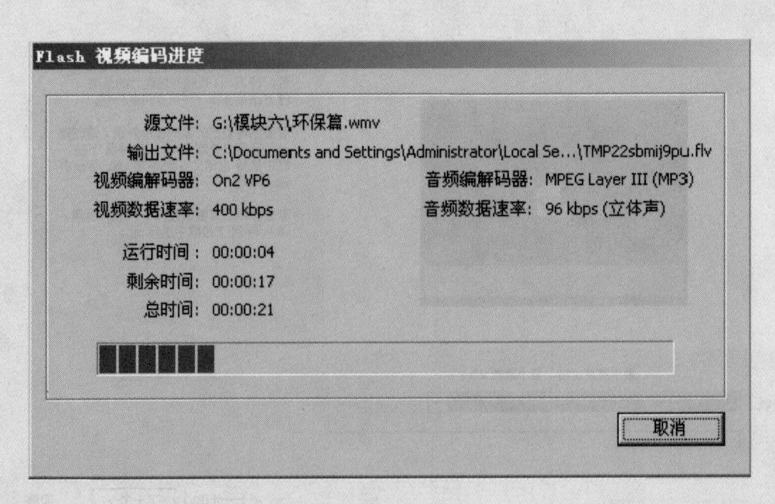

要点提示

本实例主要技术是对视频的导入和简单的处理，如加一个控制播放的外观，但并不是所有的视频这样简单的处理就可以达到使用者要求，还需要更进一步的设置，如在第4步中有5个选项，具体含义如图所示：

1.视频部署

当选择了“在SWF中嵌入视频并在时间轴上播放”选项时，会出现“如何嵌入视频”对话框，如下图中的蓝色框中部分。嵌入视频的符号类型有“嵌入的视频”、“影片剪辑”和“图形”3种方式。

- 嵌入的视频：导入到舞台中直接播放，除视频文件外不产生其他任何组件。
- 影片剪辑：导入到舞台的同时还自动生成一个影片剪辑元件，可像使用一般的影片剪辑元件一样使用。库中除视频文件外还有一个影片剪辑元件。
- 图形：导入到舞台的同时还自动生成一个图形剪辑元件，可像使用一般的图形剪辑元件一样使用。库中除视频文件外还有一个图形剪辑元件。

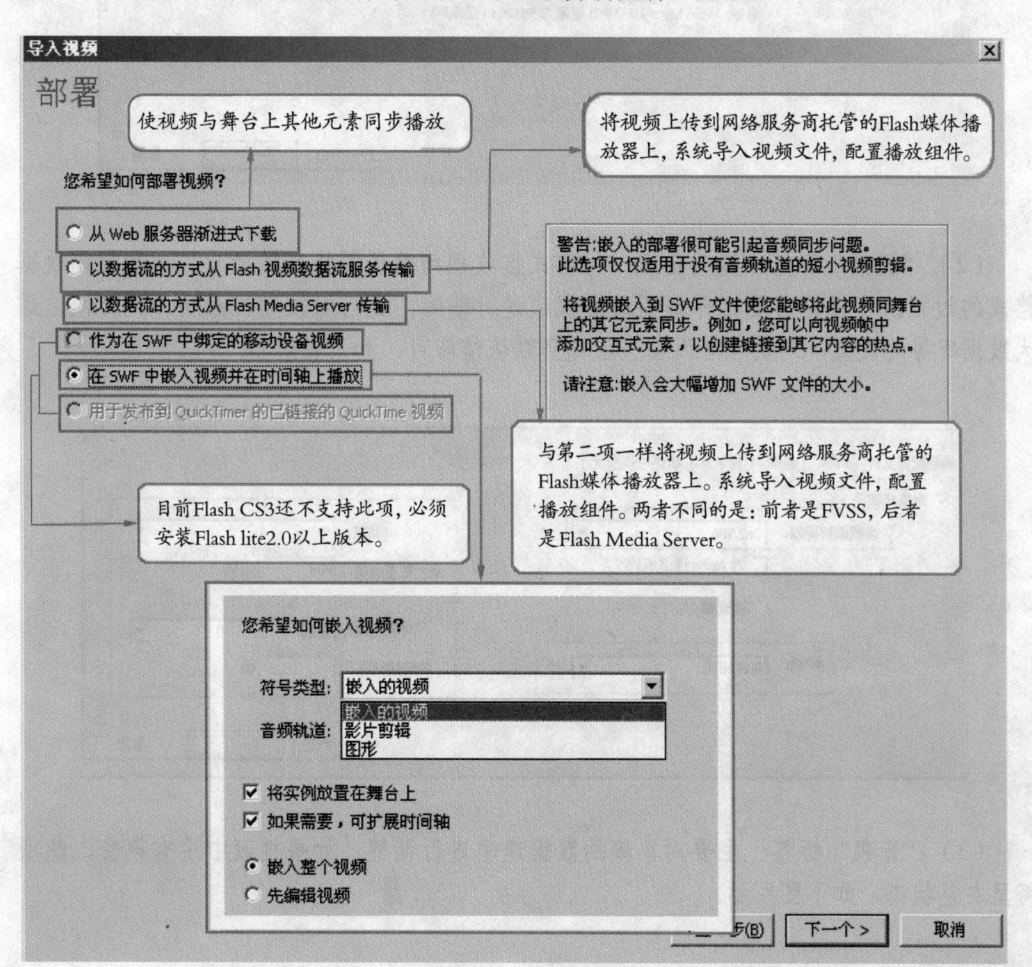

在以上三种方式中最常用的是“影片剪辑”和“嵌入的视频”这两项，因为它作为一个“影片剪辑”时可将视频当作一个普通的影片元件使用，可加入文字、图片、特效等内容；当作为“嵌入的视频”时也可在其上面的图层中加入提信息等，以使影片更具有个性和特色。

2.视频编码

当完成第4步后，如有需要可进一步设置和处理视频。如重新设置编码器、品质、添加提示点以及对视频进行裁剪等。

（1）选择编码配置文件：在Flash CS3中可根据需要选择视频编码配置文件，也可以打开已有编码配置文件或将选好的编码文件存盘以供下次使用，如下图所示。

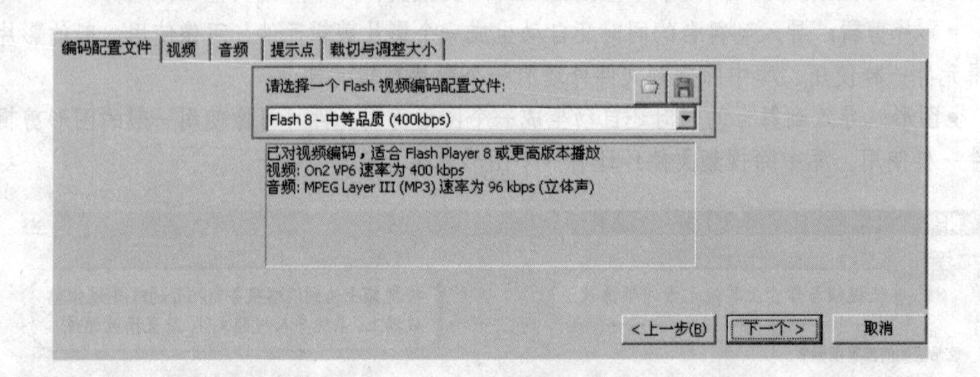

（2）“视频”标签：编码是以一种格式接收视频数据并将其转换为另一种视频数据格式的过程。可根据需要选择编码器对视频进行编码，还可对帧频、品质、关键帧、最大数据率等的设置，对初学者而言一般选择默认值即可，如下图所示。

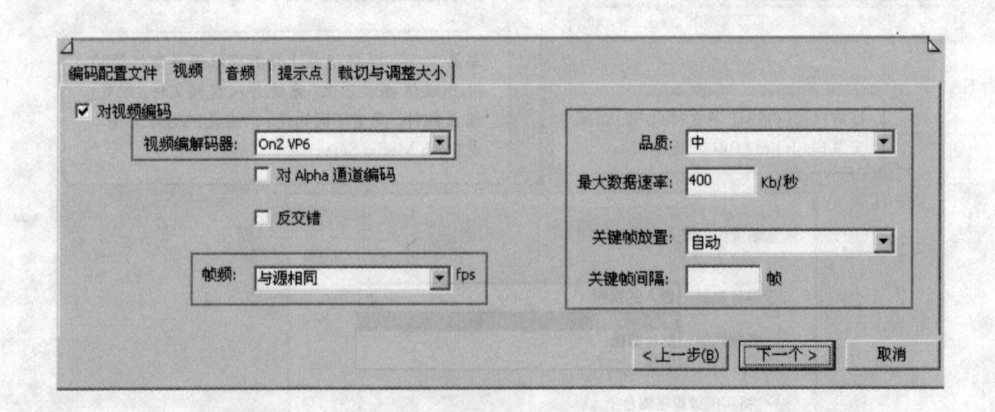

（3）“音频”标签：主要对单频的数据速率进行调整，如果视频中没有声音，此项将呈灰色状态，如下图所示。

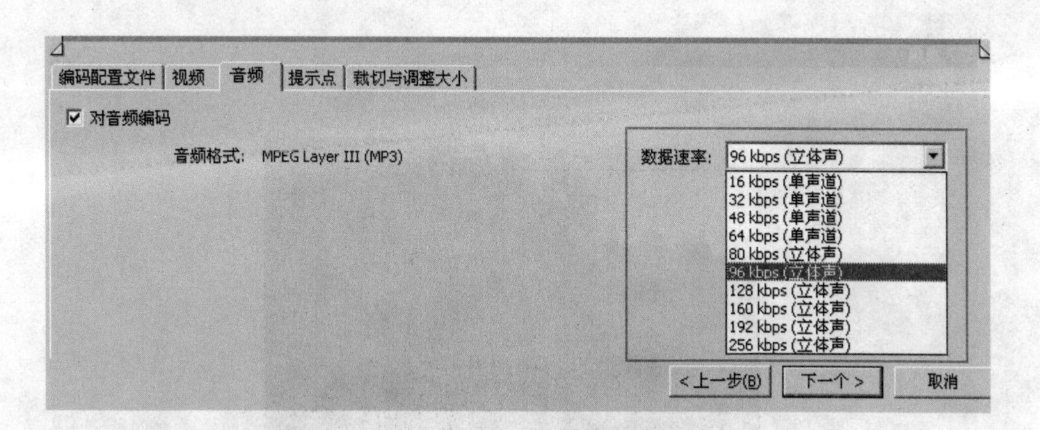

（4）“提示点”标签：就是一个可以放在视频文件内特定时刻的标记，例如，可用作“书签”以便定位到该时刻或提供与该时刻相关联的其他数据。在导入或编辑视频的同时可以为视频添加提示点，这些提示点可以被用来作为导航的播放控制，也可被用于触发事件，能更方便地提供有关视频的附加信息。

可加入到FLV视频的提示点有两种：事件提示点和导航提示点，前者可以被Flash侦测到并触发事件，后者可以设置关键帧从而用于控制视频播放。每个视频可添加最多16个提示点，如下图所示。

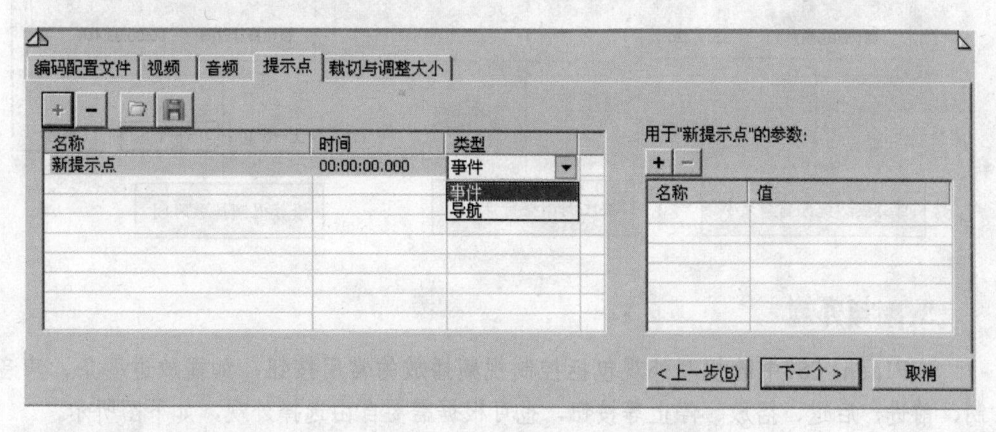

（5）“裁剪与调整大小”标签：该项中主要进行“裁切”、“调整大小”和“修剪”，是制作修改视频大小和控制播放内容的主要手段之一，如下图所示。

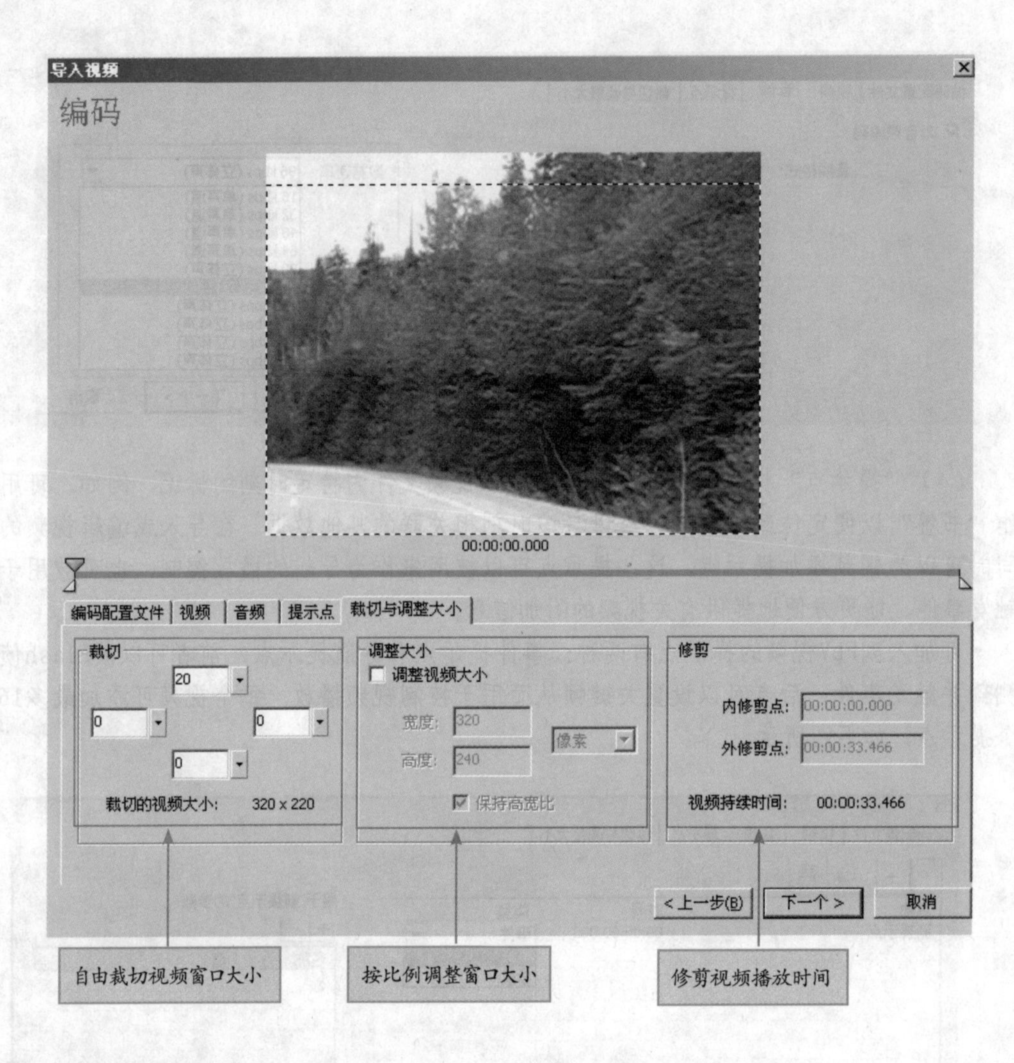

3.视频外观

在Flash CS3中的视频外观包括控制视频播放的常用按钮，如播放进度条、声音控制、前进、后退、播放、停止等按钮，也可根据需要自由选择外观，如下图所示。

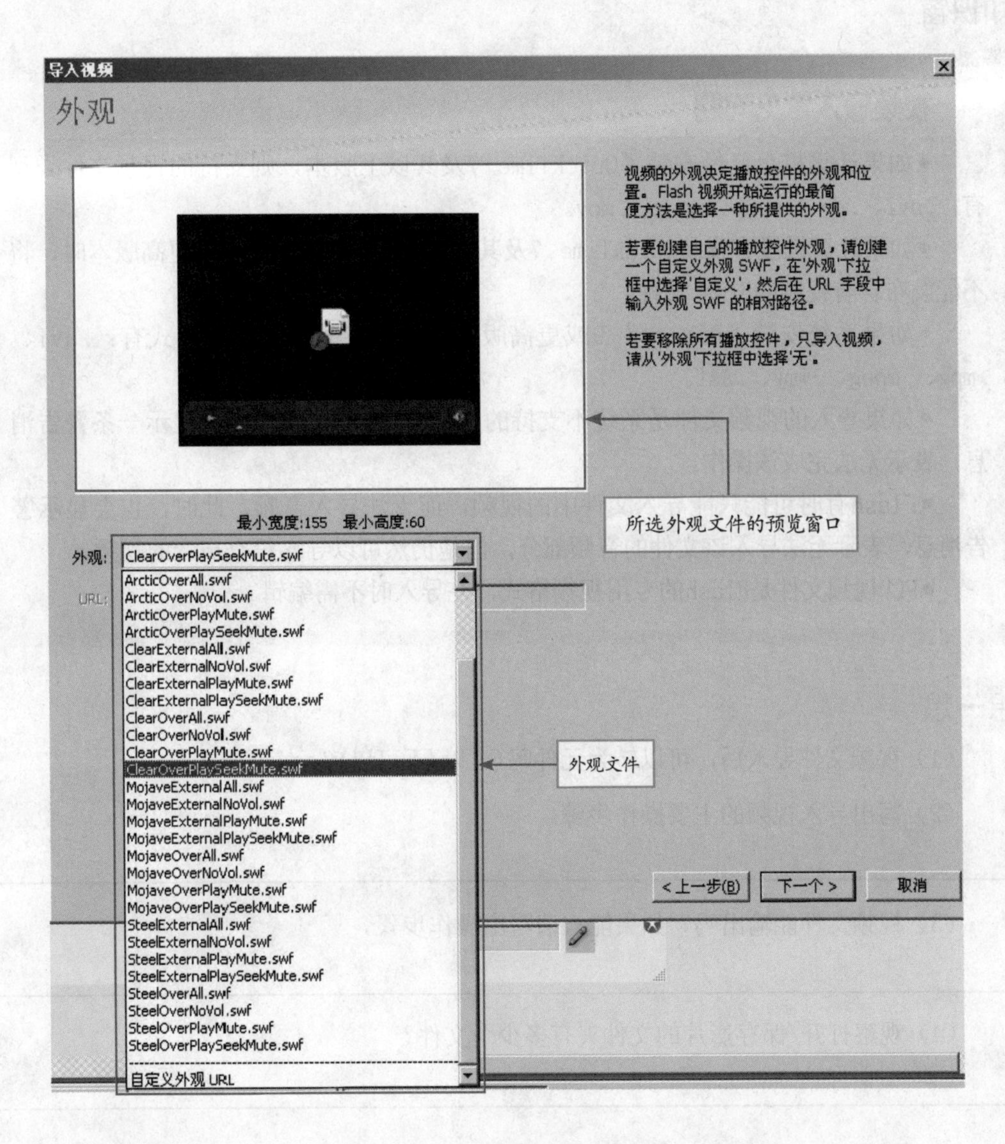

4.视频保存

视频文件保存时，根据所选项目不同会有不同配置文件，以供视频能正常播放，如本例中的保存影片的文件夹下对应这个影片有4个文件，如下图所示。

环境保护.fla（影片源文件），环境保护.swf（影片播放文件），环境篇2.flv（外部视频，这是在制作过程中自动通过对原来的视频文件的转换得到的FLV视频文件）SkinOverPlayStopSeekCaptionVol.swf（播放器外观组件影片）。

知识窗

视频导入常见问题

●如果计算机上已经安装了QuickTime 7及其以上版本，则支持的视频文件类型有：.avi、.dv、.mpg、.mpeg、.mov。

●如果计算机没有安装QuickTime 7及其以上版本或DirectX 9或更高版本时，将不能发布含有视频的Flash文件。

●如果系统安装了DirectX 9或更高版本，则支持的视频文件格式有：.avi、.mpg、.mpeg、.wmv、.Asf。

●如果导入的视频文件是系统不支持的文件格式，那么Flash会显示一条警告消息，表示无法完成该操作。

●Flash有时可能只能导入文件中的视频，而无法导入音频，此时，也会显示警告消息，表示无法导入该文件的音频部分，但是仍然可以导入没有声音的视频。

●FLV视频文件是Flash的专用视频格式，在导入时不需编辑。

想一想

（1）视频文件导入后，可以转为元件吗(可以/不可以)？

（2）写出导入视频的主要操作步骤。

____

（3）视频文件能输出吗？如果能，请写出操作步骤。

____

（4）观察打开/保存影片的文件夹有多少个文件？

____

自我测试

1.填空题

（1）通常我们将能够产生愉悦感觉的声音称为__________；让人产生烦燥感觉的声音称为__________。

（2）将外部声音导入到Flash CS3文件中应执行__________________命令。

（3）________________是Flash的专用视频格式，在导入时不需编辑。

（4）如果系统安装了DirectX 9或更高版本，则支持的视频文件格式有：______________________________

2. 简答题

（1）导入声音和导入视频有什么区别？

（2）能导入Flash CS3中的声音和视频文件的格式有哪些？

（3）常见的声音可以分为几类？在Flash CS3中又可以将声音分为哪几类？

3. 操作题

（1）利用本书配套光盘中的素材制作动画：把鼠标放在动物身上时会发出不同的声音。动画播放后的界面如下图所示。

（2）自已拍摄一个视频，利用Flash导入视频功能，制作一个影片文件，给影片加上自已的字幕。

提示：导入时选择“影片剪辑”类型，在文档中当作一个影片剪辑元件操作即可。

特效制作

模块综述

当我们看电影、电视、上网浏览动画片、MTV时，常为很酷的片头、很绚丽的光芒文字所吸引，它们是如何制作出来的呢？一定要用代码实现吗？通过本模块的学习后，你将会不用任何代码，轻松完成这些特效制作。

通过这个模块的学习后，你将可以：

- 掌握时间轴特效，并能利用特效制作音乐相册；
- 掌握影片剪辑和按钮混合模式的应用，并能制作片头动画；
- 了解滤镜知识，并能利用滤镜快速制作广告文字动画。

任务一 音乐相册——时间轴特效的应用

任务概述

Flash CS3的时间轴特效有：变形、转换、分离、展开、投影、模糊等。通过对时间轴特效参数的设置，可快速做出漂亮的效果；利用预建的时间轴特效，可以用最少的步骤创建复杂的动画。本任务我们将用此功能来制作简单适用的音乐相册。

实例欣赏

打开“素材\模块七\音乐相册1.swf”，将会看到一张张相片在轻快的音乐声中以各种方式展开的动画效果，如下图所示。

操作步骤

（1）启动Flash CS3，新建一个宽800像素，高600像素的Flash文件（Action script2.0）。

（2）单击“文件\保存”命令，将文件以“音乐相册”为文件名存盘。

（3）单击“文件\导入\导入到库”命令，弹出“导入到库”对话框。在该对话框中，选择所需的声音和图形文件，单击“打开”按钮，将声音和图形导入到库,此时库内容如右图所示。

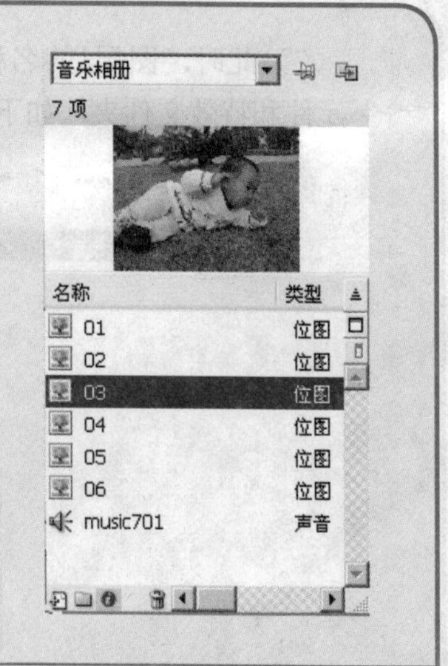

（4）将“01.jpg”位图拖入舞台，并相对于舞台水平和垂直居中。

（5）在图层1的第35帧处按F5键插入帧，在图层1的第5和6帧处按F6键插入关键帧，选中第6帧，单击“插入\时间轴特效\‘变形/转换’\变形”，如下图所示。

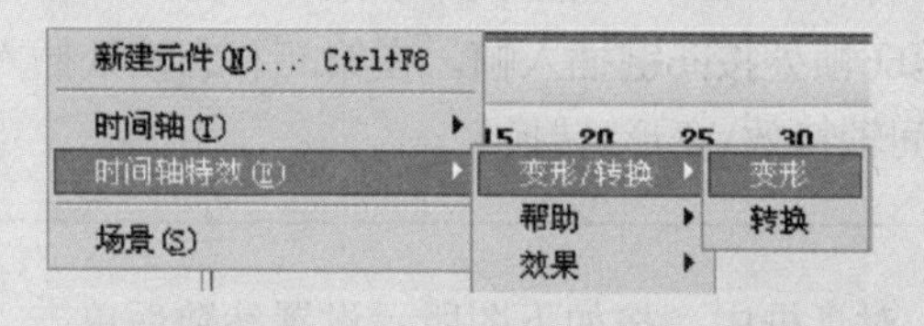

（6）出现如下图所示的对话框，将缩放比例设置为1%，旋转为100°或者0.28°，其余均为默认，如下图所示，然后单击“确定”按钮。

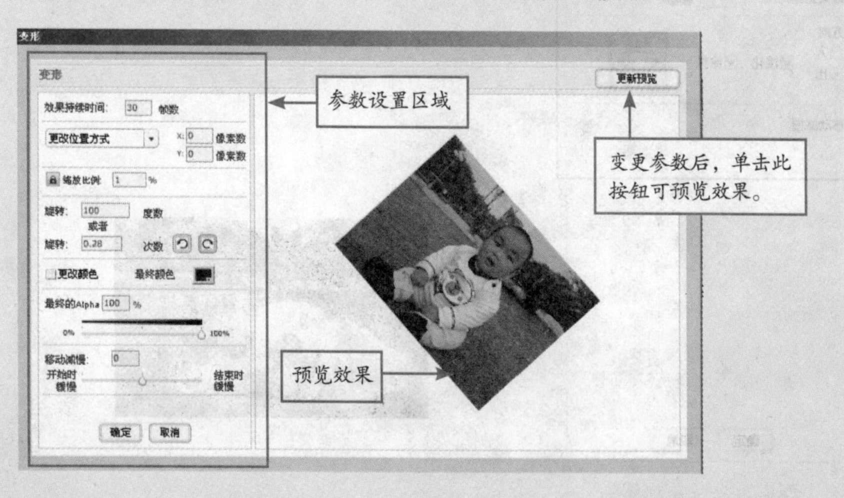

（7）此时，图层1的名称自动修改为“变形1”，且库中自动增加一个“变形1”元件和特效文件夹，如下图所示。

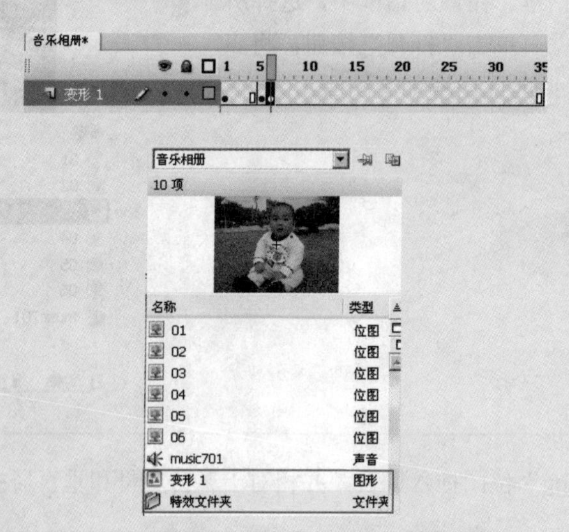

（8）新建一图层2，并将图层2移到“变形1”层的下面，在图层2的第10帧按F7键插入空白关键帧，将“02.jpg”位图从库中拖入舞台，并相对于舞台水平和垂直居中。在该图层的第66帧处按F5键插入帧，在第35和36帧处插入关键帧，选中第36帧并单击“插入\时间轴特效\变形\转换”。

（9）在“转换”对话框中，按如下图所示设置参数后单击“确定”按钮。

（10）此时，图层2的名称自动修改为“转换2”，且库中自动增加一个“转换2”元件。图层效果如下图所示。

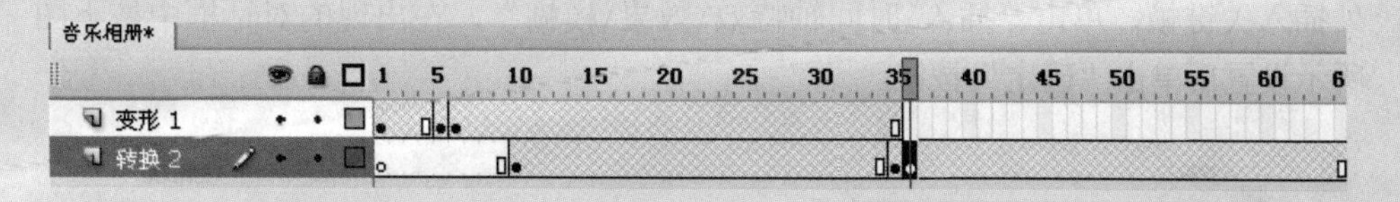

（11）新建一图层3，并将图层3置于最下面，将“变形1”和“转换2”层隐藏，如下图所示。

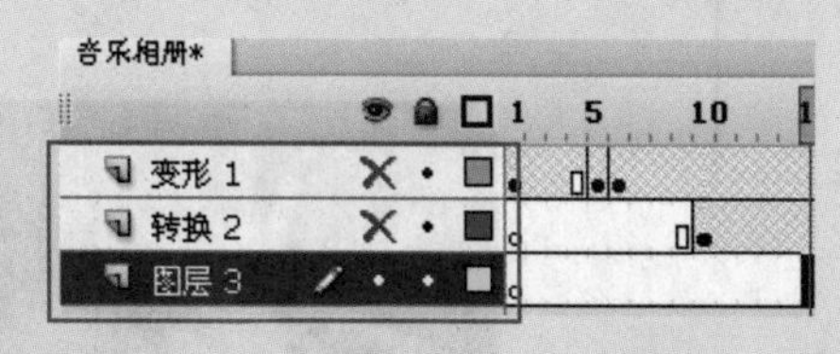

（12）在图层3的第45帧按F7键插入空白关键帧，将“03.jpg”拖入舞台，并相对于舞台水平和垂直居中。在该图层的第105帧处按F5键插入帧，在第85和86帧处插入关键帧，选中第86帧并单击“插入\时间轴特效\效果\分离”，如下图所示。

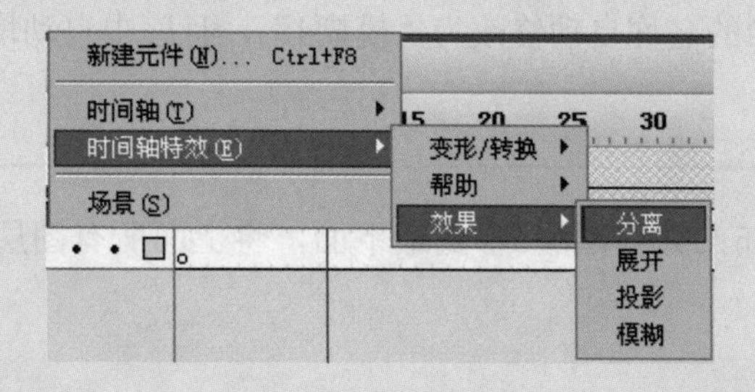

（13）在出现的对话框中保持默认值，单击“确定”按钮，此时，图层3的名称自动修改为“分离3”，且库中自动增加一个“分离3”元件。

（14）新建一图层4，并将图层4移到最下面，将“变形1”、“转换2”和“分离3”层隐藏，如下图所示。

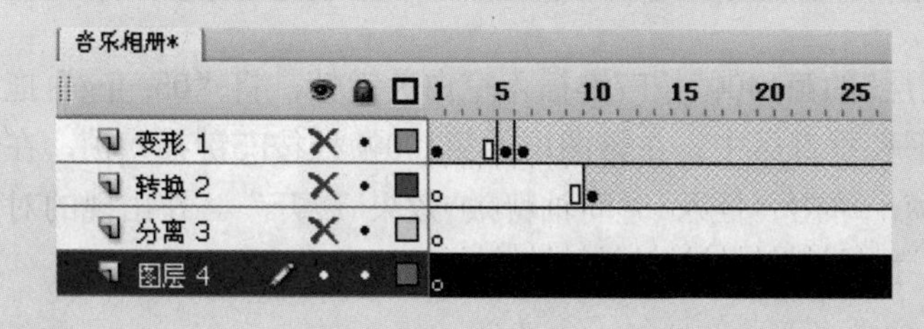

（15）在图层4的第90帧按F7键插入空白关键帧，将“04. jpg”拖入舞台，并相对于舞台水平和垂直居中。在该图层的第146帧处按F5键插入帧，在第130和131帧处插入关键帧，单击“插入\时间轴特效\效果\模糊”，在出现的对话框中按下图所示设置后单击“确定”按钮。

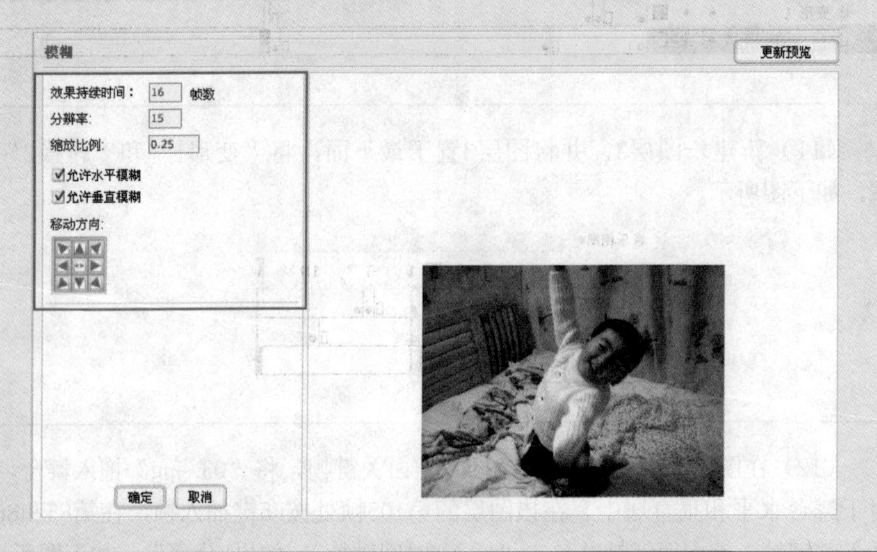

（16）此时，图层4的名称自动修改为“模糊4”，且库中自动增加一个“模糊4”元件。

（17）新建一图层5，并将图层5移到最下面，将上面所有图层隐藏，如下图所示。

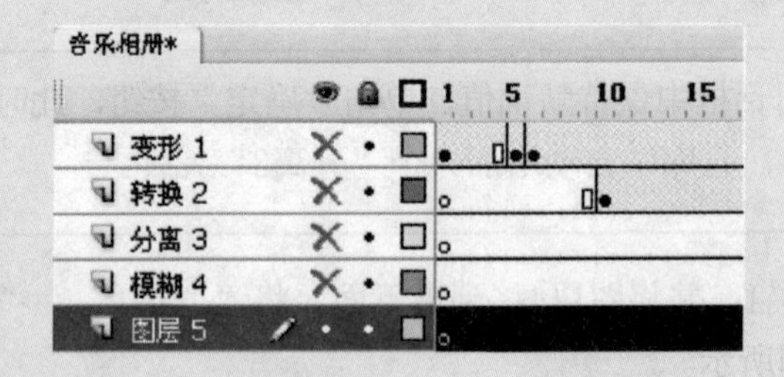

（18）在图层5的第140帧按F7键插入空白关键帧，将“05. jpg”拖入舞台，并相对于舞台水平和垂直居中。在该图层的第190帧处按F5键插入帧，在第170和171帧处插入关键帧，单击“插入\时间轴特效\效果\展开”。在出现的对话框中设置后单击“确定”按钮，如下图所示。

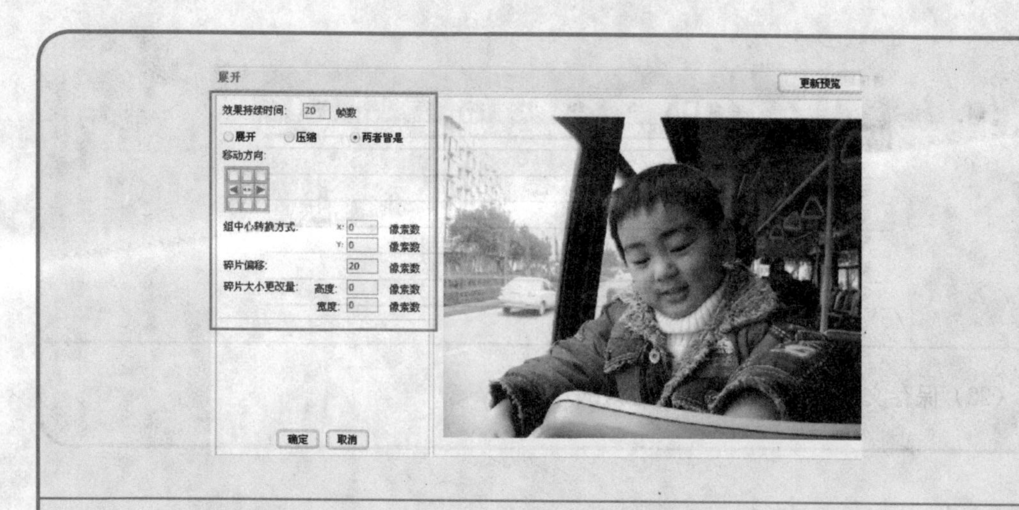

（19）此时，图层5的名称自动修改为“展开5”，且库中自动增加一个“展开5”元件。

（20）新建一图层6，并将图层7移到所有图层的最上面，将“06.gif”图形文件放入此图层，且相对于舞台水平和垂直居中，将所有隐藏的图层显示，如下图所示。

（21）新建一图层7，并将图层7移到所有图层的最上面，将“music701.mp3”音乐文件放入此图层，会看到图层中有声音的波形出现，如下图所示。

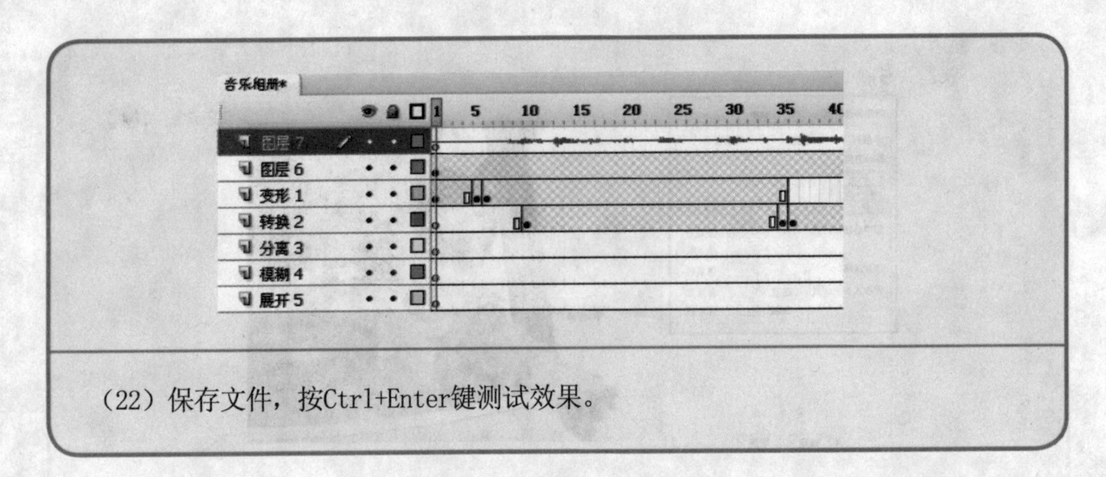

（22）保存文件，按Ctrl+Enter键测试效果。

要点提示

本实例实际上是利用Flash CS3中的时间轴特效功能制作的图片切换效果，灵活运用这些特效可以在最短的时间制作出漂亮的转场效果。

时间轴特效可以应用于文本、图形，包括形状、组件以及图形元件、位图图像、按钮元件等,使用预建的时间轴特效可以用最少的步骤创建复杂的动画。

1.时间轴特效的操作

有下列情况:

（1）添加时间轴特效：选择要为其添加时间轴特效的对象，单击“插入\时间轴特效”命令，然后从列表中选择一种特效。添加时间轴特效时，将向库中添加一个与该特效同名的文件夹，它包含了在创建该特效时所使用的元素（如本例中的操作）。

（2）编辑和删除间轴特效：选择与特效关联的对象，然后选择“时间轴特效\编辑特效”或“时间轴特效\删除特效”，如下图所示。

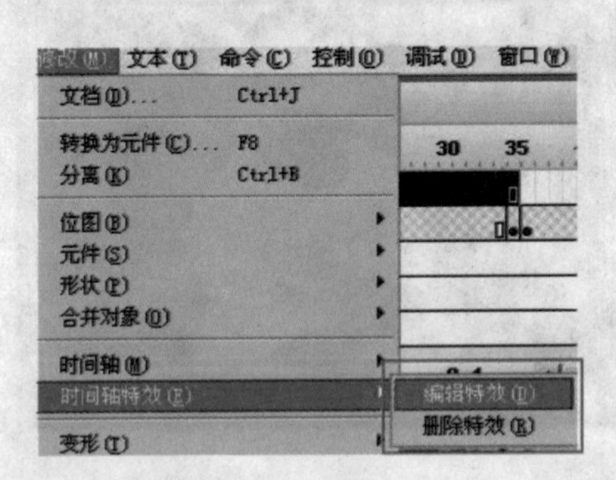

2.时间轴特效的名称与含义

特效名称	含 义
模糊	通过更改对象在一段时间内的 Alpha 值、位置或比例，创建运动模糊特效
投影	在选定元素下方创建阴影
扩展	在一段时间内放大、缩小或者放大和缩小对象。此特效对影片剪辑或图形元件中组合的两个或多个对象上使用效果最好。在包含文本或字母的对象上使用，也有很好效果
变形	调整选定元素的位置、缩放比例、旋转、Alpha 和色调。使用“变形”可应用单一特效或特效组合，从而产生淡入/淡出、放大/缩小以及左旋/右旋特效
转换	使用淡变、擦除或两种特效的组合向内擦除或向外擦除选定的对象
复制到网格	按列数直接复制选定对象，然后乘以行数，以便创建元素的网格
分布式直接复制	直接复制选定对象在设置中输入的次数。第一个元素是原始对象的副本。对象将按一定增量发生改变，直至最终对象反映设置中输入的参数为止

想一想

(1) 利用时间轴特效生成的元件可以修改吗?

(2) 对同一个对象可以添加多个时间轴特效吗?

(3) 如果将特效文件夹在库中删除,特效还可以正常工作吗?

任务二　片头动画——混合模式的应用

任务概述

本任务通过对“片头动画”的制作来讲述在Flash CS3中的变暗、色彩增殖、变亮、荧幕、叠加、强光、增加、减去、差异、反转、Alpha、擦除等混合模式的应用，使我们能较快捷地制作出各种奇异效果。

实例欣赏

打开“素材\模块七\片头动画.swf”，将会看到时紫时绿、时明时暗景色，加上强劲的音乐，若置身于魔界般的动画效果，如下图所示。

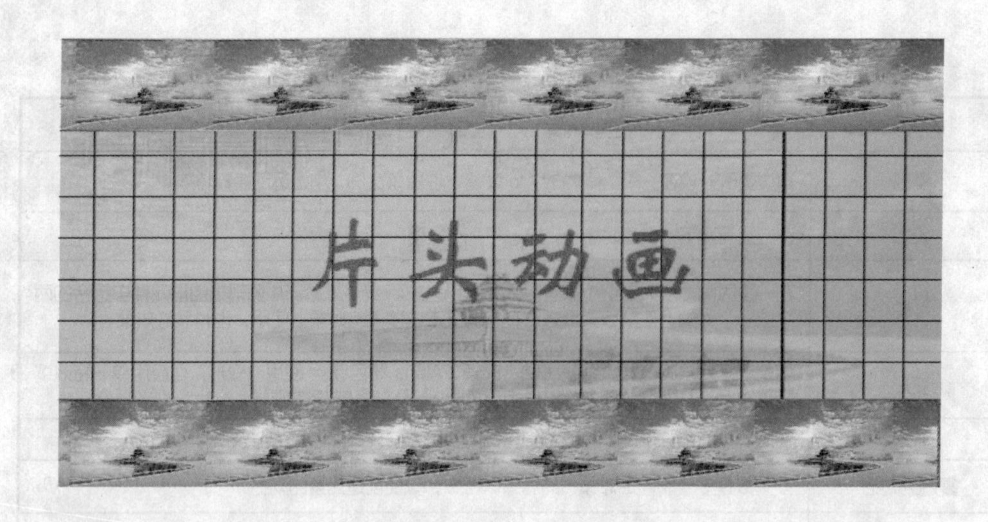

本案例适用范围

电影片头动画、动漫片头动画设计、课件片头设计、动画环境制作等。

(1) 创建影片文档和导入图片

①启动Flash CS3，新建一个宽800像素，高400像素的Flash文档。

②以“片头动画“为文件名保存文件。

③单击“文件\导入\导入到库”命令，将需要的声音和图片素材导入“库”。

注意：直接导入的图片并不能使用混合模式，混合模式只适用于影片剪辑和按钮，所以必须把图片制作成影片剪辑元件。

④新建一个名称为“主图”的影片剪辑元件，在这个元件的编辑场景中将刚刚导入的图片拖放到舞台上，相对于舞台水平垂直居中，图片的大小修改为宽800，高为400，如右图所示。

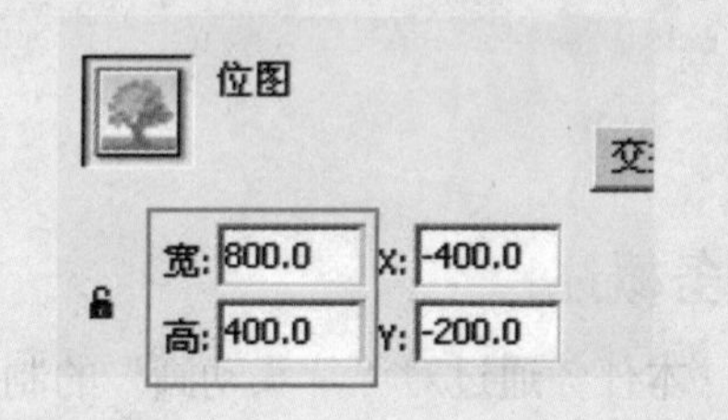

(2) 制作图片运动元件

①新建一个名称为“水平图片”的影片剪辑元件，设置 “笔触颜色”为七彩色，“填充颜色”类型为“位图”，则能看到刚刚导入的图片已经出现在选择框中了，如右图所示。

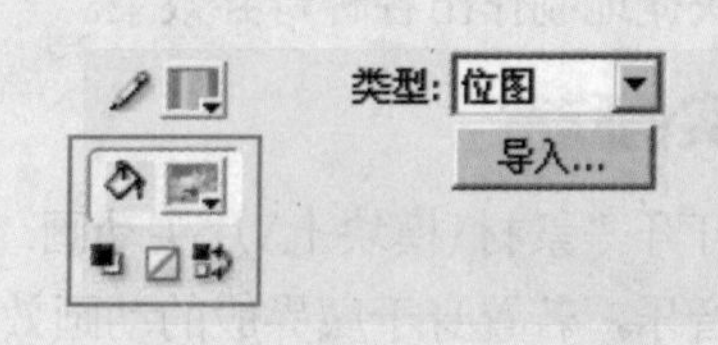

②使用“矩形”工具，画一个宽为800、高为80的长方形，作为填充色的图片会以原始大小出现。使用“渐变变形”工具，分别将鼠标按住填充变形框左边和下边的箭头向里推，将填充图片缩小，直到小图片显示完整且刚好撑满矩形的上下端，如下图所示。

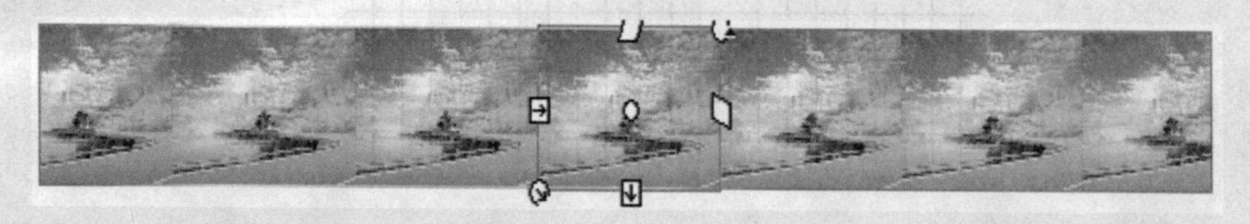

③在“图层1”的第100帧处插入一个关键帧，使用“填充变形工具”，选择最前面的填充图片，将鼠标放到填充变形框中心，当其成为可移动状态时，按住鼠标，拖放到最后一张图片位置处，释放鼠标。注意保持图片的水平位置，否则在图片移动动画中会出现抖动。在第1帧处设置补间类型为“形状”。按Enter键播放一下，图片已经横向从左向右移动起来，如下图所示。

第1帧图像

第100帧图像

④将“水平图片”影片元件复制一份，取名为“水平图片1”，修改“水平图片1”用第③步的方法让图片从右向左运动起来。

⑤新建一个名称为“垂直图片”的影片剪辑元件。这个图片制作元件从下向上的竖向运动，其制作方法与“水平图片”相同，所不同的是矩形为竖向放置，宽为80，高为800。

提示

如果将图片的边框线设置为黑色的虚线，将会有电影胶卷的边缘效果。

（3）制作网格元件

新建一个名称为“网格”图形元件，制作如下形状的与舞台一样大小的网格，如下图所示。

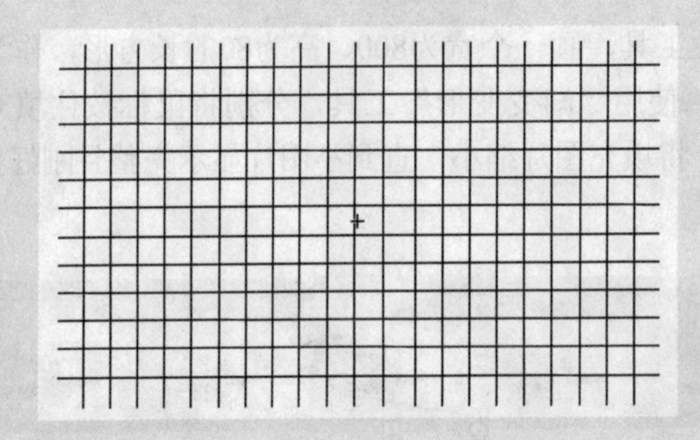

（4）制作背景元件

①新建一个名称为“背景”的影片元件，画一个与影片舞台尺寸相同的矩形（即宽800,高400）。

②在第14、30、42、52、68、85、95帧处各插入一个关键帧。从第1帧开始，在各关键帧处依次填充纯色，色块如下图（也可以用其他颜色）所示。

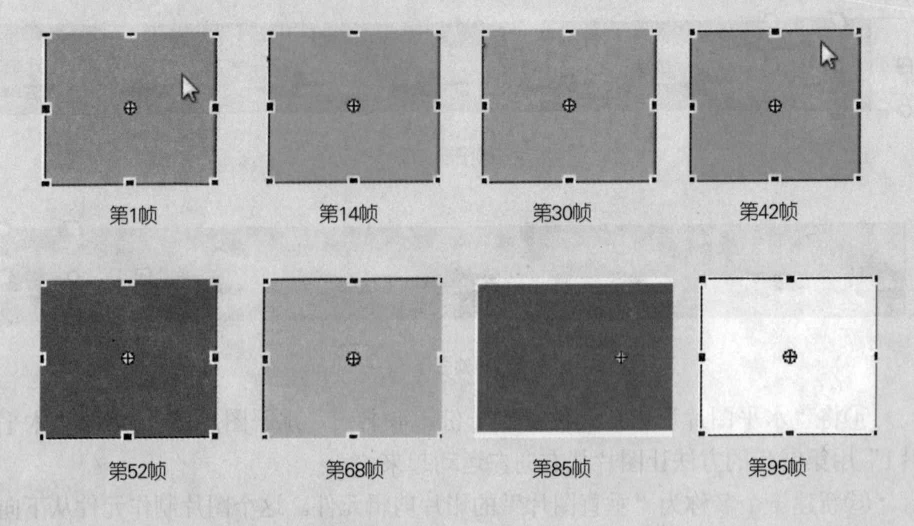

第1帧　第14帧　第30帧　第42帧

第52帧　第68帧　第85帧　第95帧

③创建第1～95帧的形状变形动画。

（5）布置舞台，组装动画

①回到“场景1”中，将“图层1”改名为“背景”，在第20帧处按F7键插入空白关键帧，将“背景”元件和“网格”元件拖放到舞台上，“网格”在“背景”元件的上面，并相对于舞台水平垂直居中。在第160帧处按F5键插入帧，如下图所示。

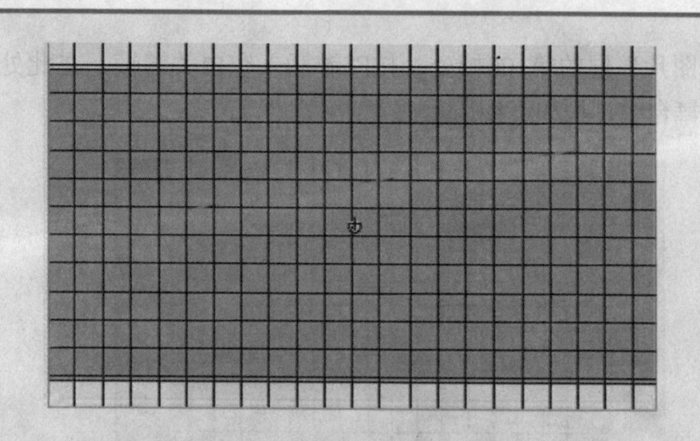

②新建一图层2，将“图层2”改名为“主图”，将“主图”元件拖放到舞台上并相对于舞台水平垂直居中，在“主图”图层的第20、50、76、88、102、120和135帧处按F6键插入关键帧，并在各帧之间定义补间动画。

③设置“主图”不同的混合模式，选中“主图”层中第1帧的“主图”元件，打开“属性”面板，设置混合模式为“减去”。用相同的方法设置第20、50、76、88、102、135帧中的“主图”元件混合模式依次为：增加、叠加、减去、色彩增殖、差异,变暗。在第160帧处插入帧，图层及属性如下图所示。

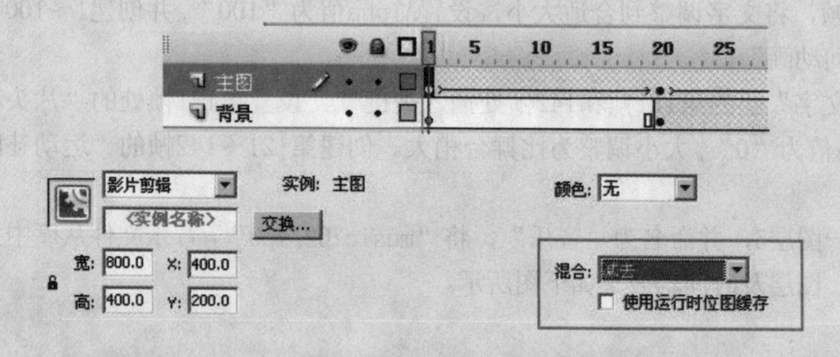

④新建图层3,并修改其名称为“运动图片”，将“水平图片”和“水平图片1”元件拖到舞台中，上下各水平放一个，如下图所示。

⑤在“运动图片”层的第100帧处，按F7键插入空白关键帧，在此处将“垂直图片”元件拖入舞台中，按如下图所示放置。

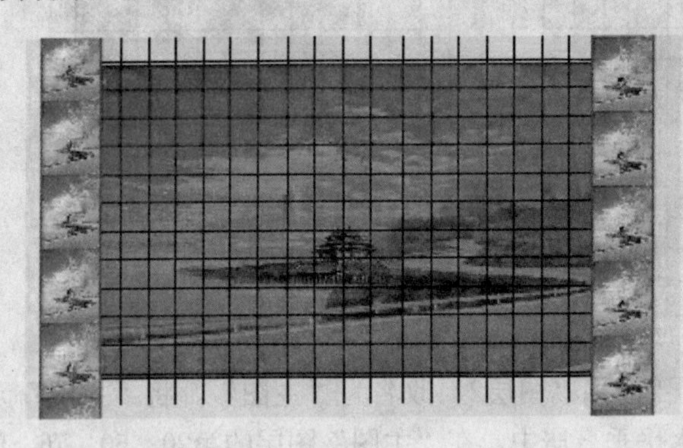

⑥新建一图层4，并命名为“文字”，在第60帧处插入空白关键帧，在此帧输入红色的“片头动画”4个字，并将此字相对于舞台水平垂直居中对齐。

⑦选中“片头动画”文字，按F8键将“片头动画”4个文字转为名称为“文字”的影片元件。

⑧设置“文字”影片元件的Alpha值为“0”，并调整大小到最小。在第100帧处插入关键帧，将文字调整到合适大小，设置Alpha值为“100”，并创建1～100帧的“运动补间动画”。

⑨在“文字”层的第121帧和142帧处插入关键帧，设置第121帧处的“片头动画”的Alpha值为“0”，大小调整为比舞台稍大。创建第121～142帧的“运动补间动画”。

⑩新建一图层5，并命名为“音乐”，将“music702.mp3” 音乐文件从库中拖入到舞台上，图层及时间轴效果如下图所示。

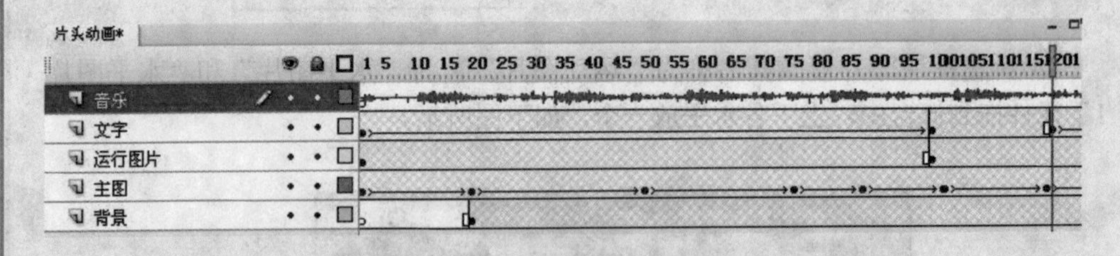

⑪ 保存文件，按Ctrl+Enter键测试效果。

要点提示

本实例充分利用对象的混合模式，巧妙之处在于用不同的颜色块作为底图，图片作为上层图，再利用形状或运动补间动画形成色彩变化的奇特运动效果。

混合模式是将一个图像（基图像）的颜色与另一个图像（混合图像）的颜色进行组合来生成第3个图像，最后效果是实际在屏幕上显示的图像。

Flash CS3中混合模式的类别、含义及效果。

原图1

原图2

将原图1放置于原图2的上方，各种混合模式的效果如下表。

 变暗：比混合色亮的像素被替换，比混合色暗的像素保持不变	 屏幕：用基准颜色乘以混合颜色的反色，从而产生漂白效果
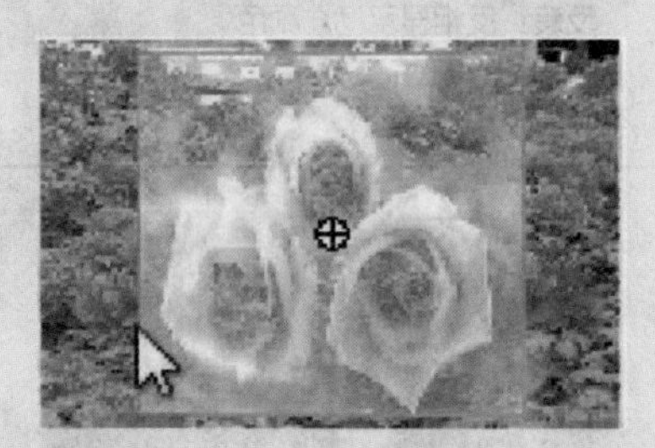 变亮：比混合色暗的像素被替换，比混合色亮的像素保持不变	 色彩增殖：将基色与混合色复合，结果色总是较暗的颜色。任何颜色与黑色复合产生黑色；任何颜色与白色复合保持不变

 叠加：复合或过滤颜色，具体取决于基色。图案或颜色在现有像素上叠加，同时保留基色的明暗对比。不替换基色，但基色与混合色相混以反映原色的亮度或暗度	 差异：从基准颜色中去除混合颜色或者从混合颜色中去除基准颜色。从亮度较高的颜色中去除亮度较低的颜色，具体取决于哪一个颜色的亮度值更大。与白色混合将反转基色值；与黑色混合则不产生变化
 增加：在基准颜色的基础上增加混合颜色	 减去：从基准颜色中去除混合颜色
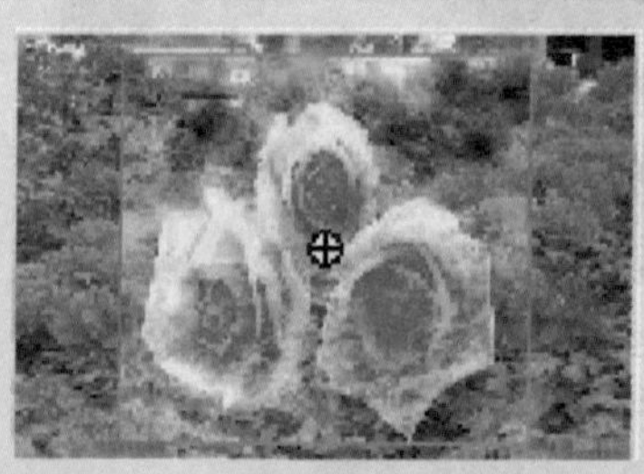 强光：复合或过滤颜色，具体取决于混合色。此效果与耀眼的聚光灯照在图像上相似	 反转：反相显示基准颜色
 Alpha：透明显示基准色	 擦除：擦除影片剪辑中的颜色，显示下层的颜色

想一想

（1）在本节实例中，如果将主图层和运动图片层交换位置，将会出现什么效果？

（2）在任何一层的最后一帧处插入一个空白关键帧，并在舞台上增加一个“进入”按钮，效果会怎样呢？

任务三　广告文字——滤镜的使用

任务概述

本任务通过对“广告文字”实例的学习，掌握Flash CS3中的“滤镜”功能，如阴影、模糊、发光、斜角、渐变发光、渐变斜角和调整颜色等，灵活应用这些滤镜，能快速制作出漂亮的效果。

实例欣赏

打开“素材\模块七\广告文字.swf”，将会看到文字的发光、模糊、斜角等动画，这些都是用滤镜功能做出的效果。

本案例适用范围

电影标题文字、广告文字设计、课件片头设计、电子贺卡设计等。

(1) 创建影片文档和导入图片

①启动Flash CS3，新建一个宽450像素，高291像素的Flash文件。

②单击“文件\导入\导入到库”命令，将“素材\模块七”下的“背景.jpg和music703.mp3”导入 “库”中。

(2) 制作“颜色渐变”元件

①新建一个名称为“颜色渐变”的影片剪辑元件，在此元件的场景中将“背景.jpg”图片从库中拖入舞台正中央，改变大小为宽450像素，高290像素。

②选中此图片，按F8键将此图片转换成名称为“图片元件”，类型为“影片剪辑”。选中“颜色渐变”元件的第1帧，再单击“图片元件”，在属性栏中选择“滤镜”选项为图片添加调整颜色滤镜，如下左图所示；设置亮度、对比度和色相为“0”，饱和度为“-100”，如下右图所示。

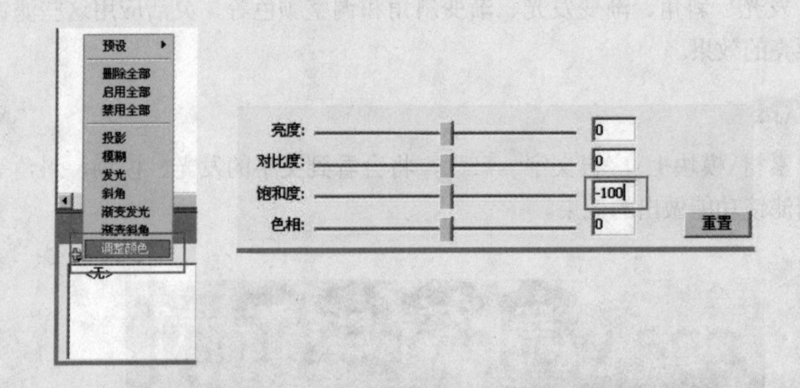

③在第30帧上按F6键插入关键帧，再设置“图片元件”的“调整颜色”滤镜参数都为“0”，使图片恢复到正常颜色状态。在第60帧处插入关键帧，调整亮度为“-52”，色相为“-7”（如下图所示），在第90帧处插入关键帧，调整颜色滤镜参数都为“0”，给第1～90帧“创建补间动画”，这样就生成了图片彩色和亮度变化的动画元件。

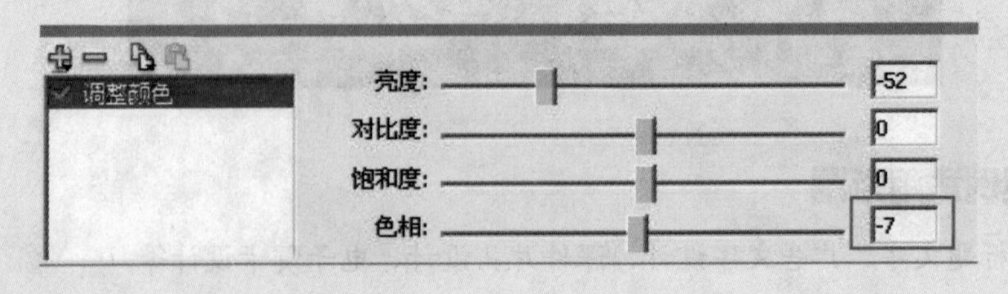

（3）制作“投影文字”元件

①新建一影片剪辑元件，命名为“投影”，在“投影”元件的第1帧中输入“同一个世界　同一个梦想”文字，文字属性设置如下图所示。

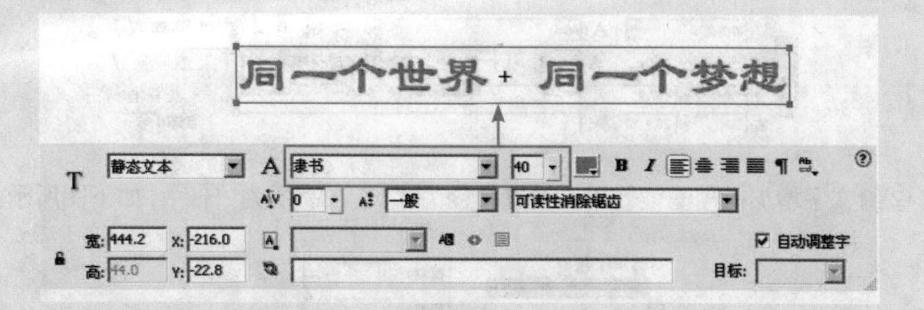

②给文字增加投影滤镜效果，设置模糊为“24”，强度为“270%”，品质为低，颜色为黄色，角度为“54”，距离为“0”，如下图所示。

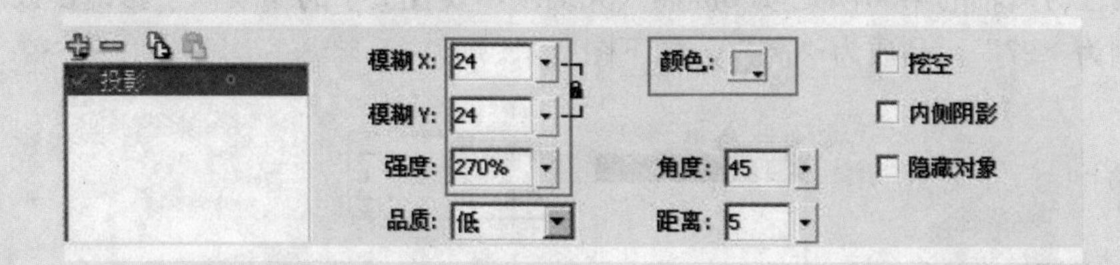

③在第30帧处按F6键插入关键帧，设置文字的“投影”滤镜参数，设置模糊为“10”，强度为“1000%”，品质为“低”，颜色为黄色，角度为59°，距离为“2”，如下图所示。

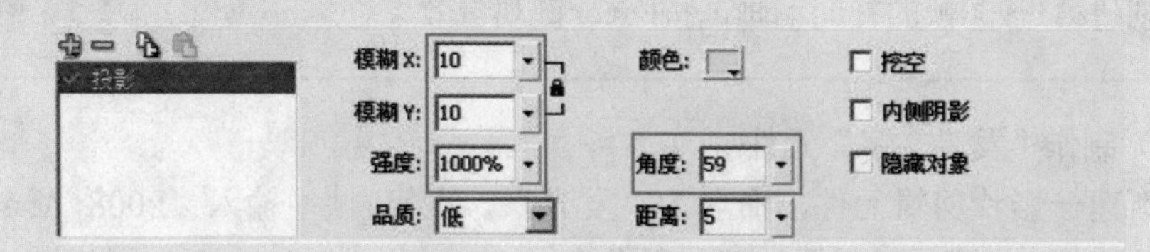

④创建第1～30帧的补间动画，按Enter键观看效果。

（4）制作“模糊文字”元件

①新建一影片剪辑元件，命名为“模糊”，在第1帧中输入“one world one Dream”文字，字体设置如下图所示。

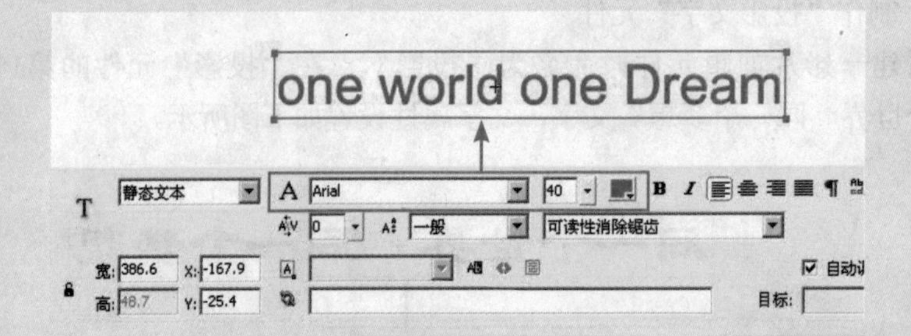

②给文字增加模糊滤镜效果，设置模糊为“1”，品质为“低”，如下图所示。

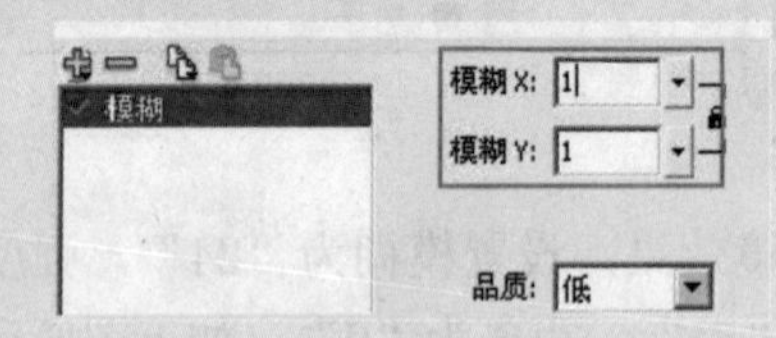

③在时间轴的第30帧处按F6键插入关键帧，设置文字的“模糊”滤镜参数，设置模糊为“27”，品质为“高”，如下图所示。

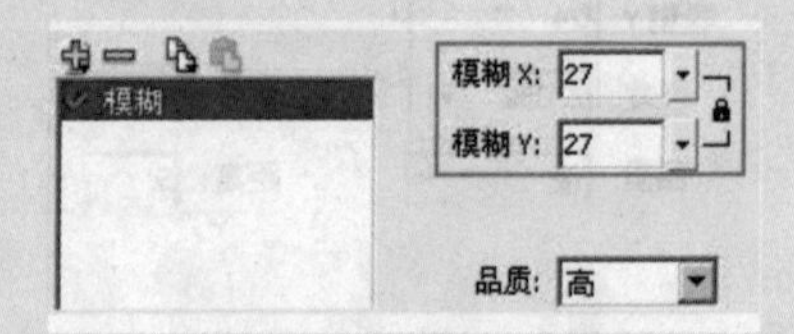

④在第60帧处按F6键插入关键帧，设置模糊为“1”，品质为“高”。在120帧处按F5键插入帧。

⑤创建第1～60帧的补间动画，按Enter键观看效果。

(5) 制作“发光文字”元件

①新建一影片剪辑元件，命名为“发光”，在第1帧中输入“2008 Are You Ready?”文字，文字属性设置如下图所示。

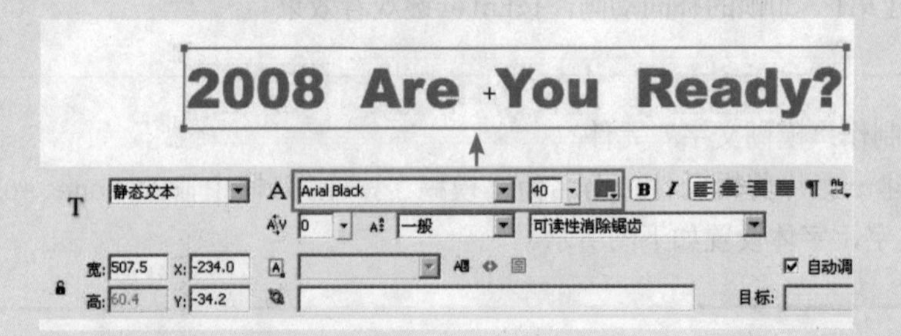

②给第1帧的文字增加发光滤镜效果，设置模糊为“6”，强度为“190%”，品质为“高”，颜色为红色，如下图所示。

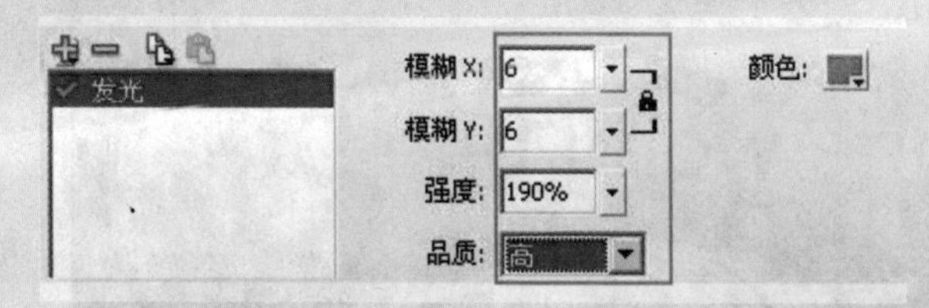

③在时间轴的第30帧处按F6键插入关键帧，然后设置文字的发光滤镜参数，设置模糊为“20”，强度为“390%”，品质为“高”，颜色为红色，如下图所示。

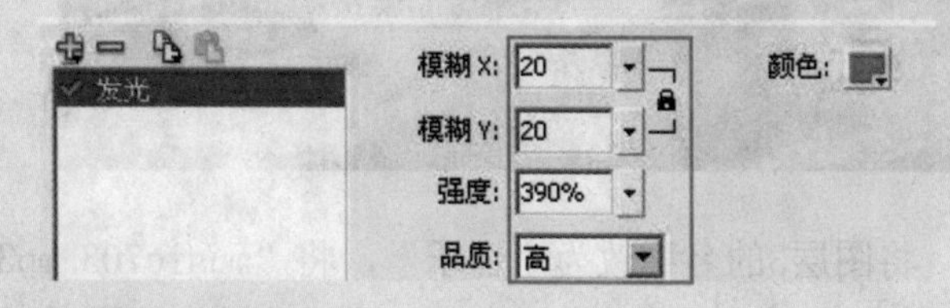

④在时间轴的第60帧按F6键插入关键帧，然后设置文字的“发光”滤镜参数，设置模糊为“20”，强度为“96%”，品质为“高”，颜色为“红色”，设置为挖空模式，如下图所示。

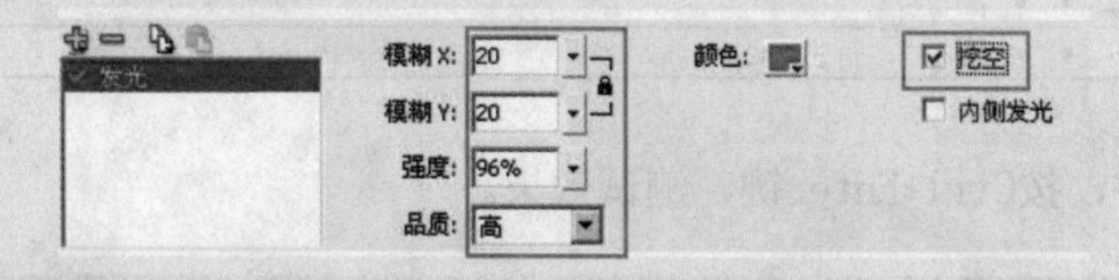

⑤在时间轴的第90帧按F6键插入关键帧，然后设置文字的“发光”滤镜参数，设置模糊为“20”，强度为“96%”，品质为“高”，颜色为红色，勾选内侧发光模式，在第120帧处插入帧，如下图所示。

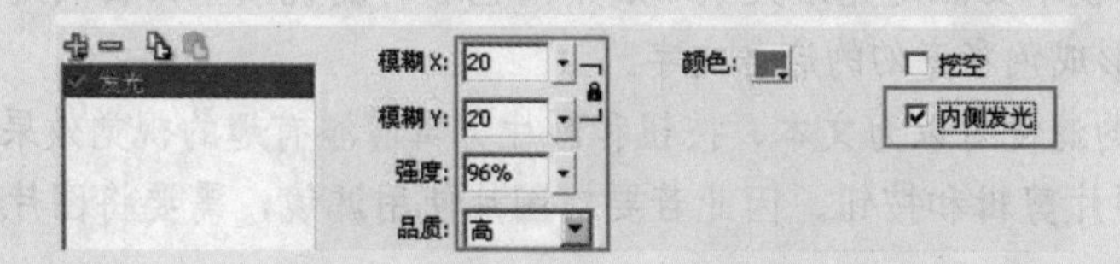

⑥创建第1～90帧的补间动画，按Enter键观看效果。

（6）组装动画

①回到场景1，将图层1的名称改为“主图”，在第1帧放入“颜色渐变”元件到舞台的正中央，在第120帧中插入帧。

②新建图层2，将图层2的名称改为“文字”，在第1帧放入“投影”元件、“发光”元件和“模糊”元件。并适当调整其位置和大小，如下图所示。

③新建图层3，将图层3的名称改为“音乐”，将“music703.mp3”声音从库中拖入到舞台中，将声音同步设置为“数据流”，图层效果如下图所示。

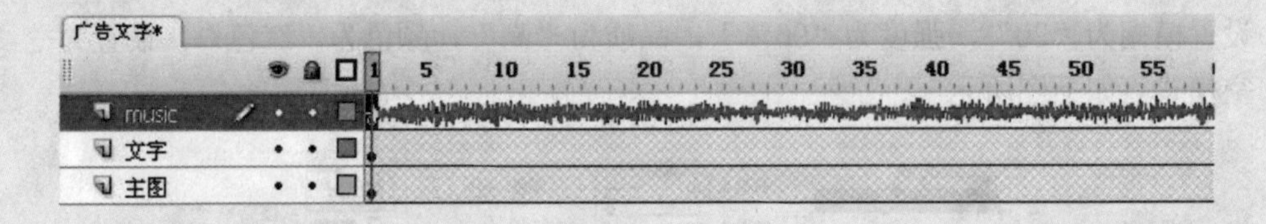

④保存文件，按Ctrl+Enter键，测试效果。

要点提示

本实例制作技术要点是先给文字添加不同色彩的滤镜效果，再利用补间动画让应用的滤镜动起来,形成色彩变幻的广告文字。

Flash CS3的滤镜可以为文本、按钮和影片剪辑增添有趣的视觉效果，但滤镜效果只适用于文本、影片剪辑和按钮。因此若要对图片使用滤镜，需要将图片制作成影片剪辑或按钮元件。

1.滤镜应用的操作方法

(1)添加滤镜：选择需要添加滤镜文本、按钮或影片剪辑对象，单击“添加滤镜”(+)按钮，然后选择一个滤镜。试验不同的设置，直到获得所需效果。操作方法在本例中已讲述。

（2）删除滤镜：选择需要删除滤镜文本、按钮或影片剪辑对象，从已应用滤镜的列表中选择要删除的滤镜，然后单击“删除滤镜”（-）按钮，如下图所示。

（3）复制和粘贴滤镜：与一般的文本复制和粘贴操作类似，如下图所示。

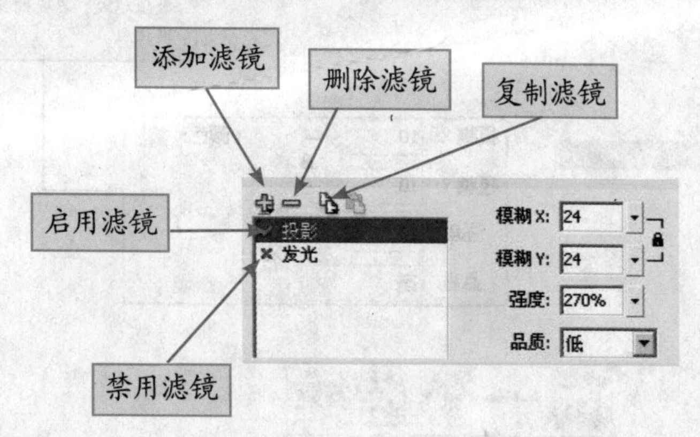

（4）滤镜的启用或禁用：在“滤镜”列表中，单击相应滤镜名称旁的启用或禁用图标，如上图所示。

2.滤镜的种类及效果

在动画制作中常用的滤镜主要有以下几种，灵活掌握这些知识及设计技巧对于制作奇特的视觉效果动画大有用处。

●投影滤镜：模拟对象投影到一个表面的效果，如下图所示。

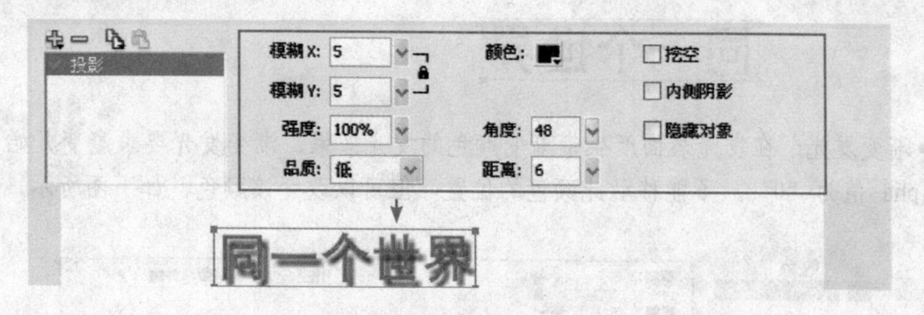

●模糊滤镜：柔化对象的边缘和细节，如下图所示。

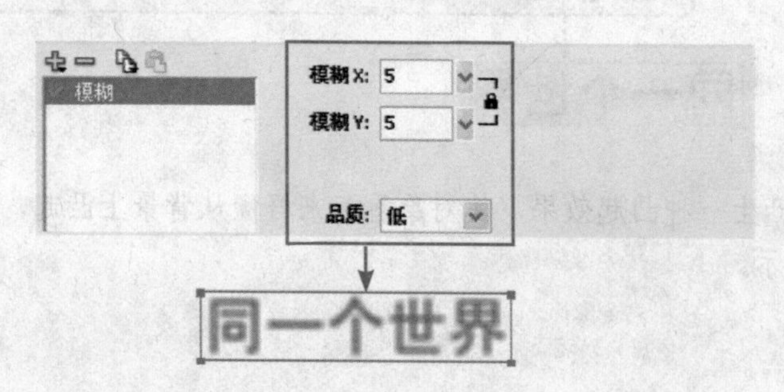

● “发光”滤镜：为对象的周边应用颜色，如下图所示。

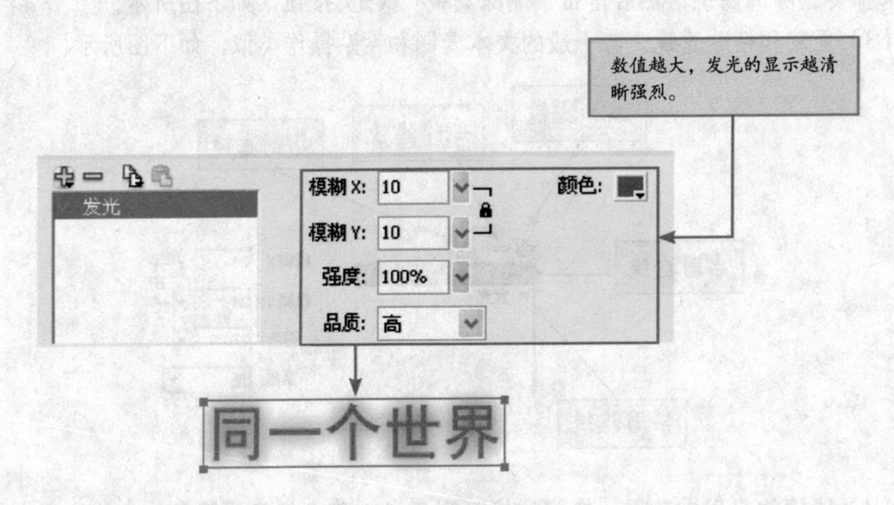

●斜角滤镜：使对象加亮，看起来凸出于背景表面，如下图所示。

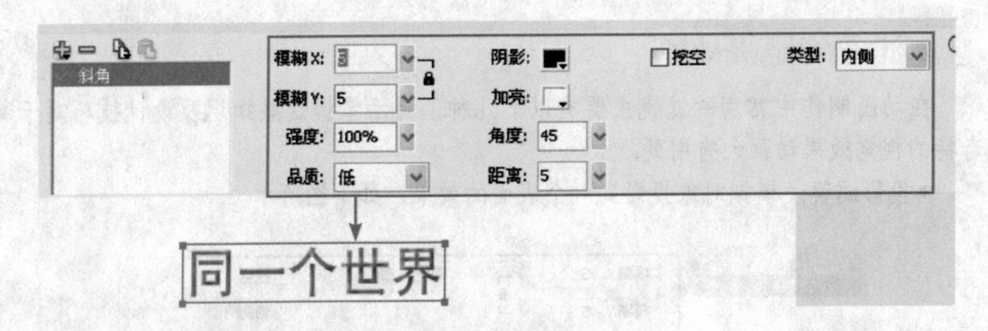

●渐变发光：在发光表面产生带渐变颜色的发光效果。渐变发光要求渐变开始处颜色的 Alpha 值为“0”。不能移动此颜色的位置，但可以改变该颜色，如下图所示。

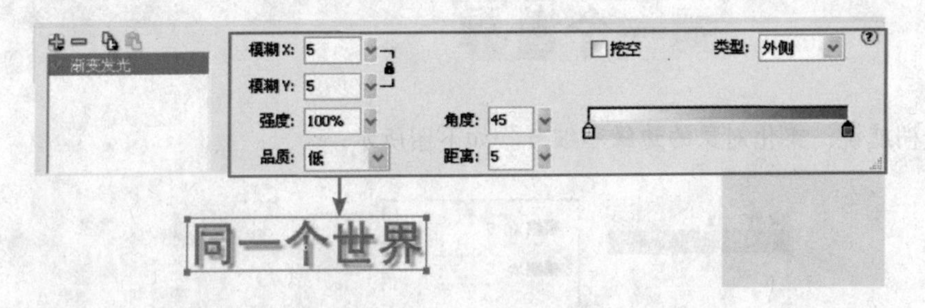

●渐变斜角：产生一种凸起效果，使对象看起来好像从背景上凸起，且斜角表面有渐变颜色，如下图所示。

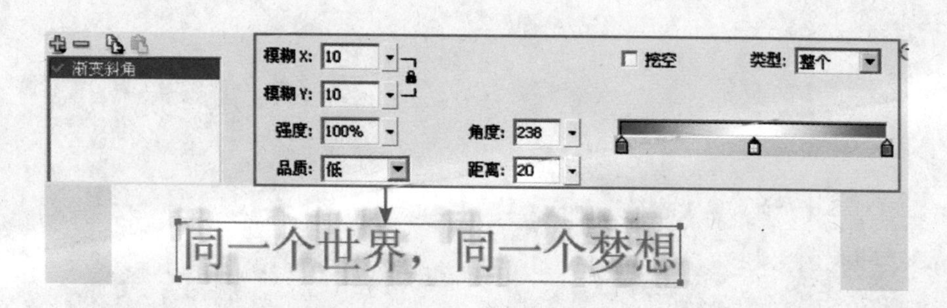

想一想

（1）不同滤镜之间要形成动画，最快的方法是什么？

（2）对同一个对象可以使用两种以上的滤镜吗？

自我测试

1.填空题

（1）时间轴特效只能应用于________、__________，___________和按钮元件等，功能是用最少的步骤创建复杂的动画。

（2）在Flash CS3中，时间轴特效主要有_________、____________、__________、___________、__________、_____________、________________等几种。

（3）混合模式是____。

（4）滤镜只适用于____________、_____________和按钮元件3种对象。

2.选择题

（1）添加时间轴特效应单击（　　）项菜单。

A.文件　　B.编辑　　C.插入　　D.控制

（2）混合模式位于（　　）面板中。

A.属性　　B.滤镜　　C.参数　　D.色彩

（3）滤镜主要功能是（　　）。

A.增加动画文件大小　　B.添加视觉效果

C.减少文件大小　　D.增加文字种类

3.上机操作题

（1）自己搜集花的图片5张，利用时间轴特效功能制作5种不同的图片切换效果。

（2）利用下列素材和混合模式的相关知识制作一个奇特的图片变色效果。

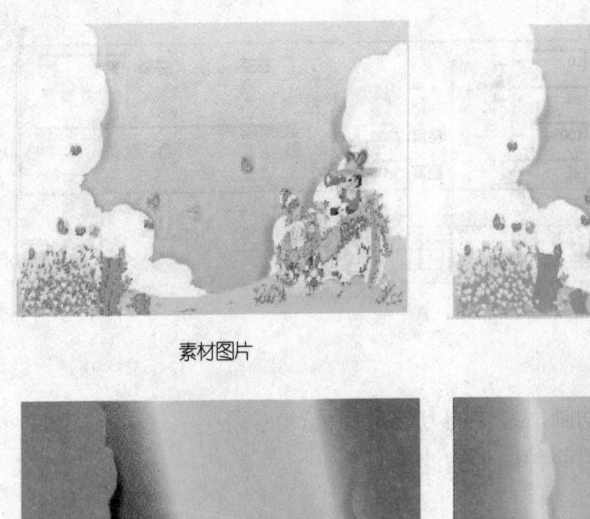

素材图片

变色一

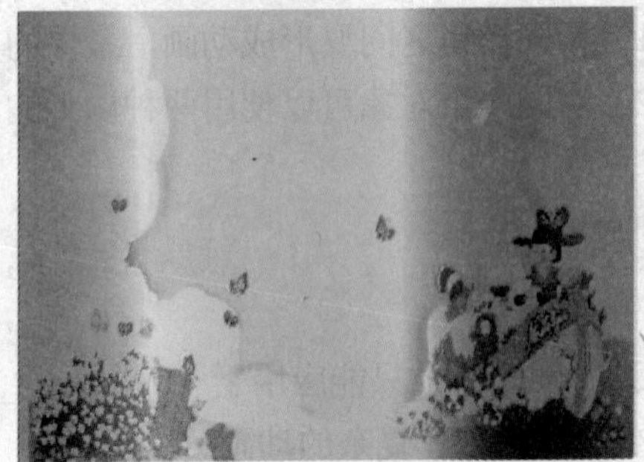

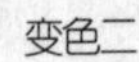

变色二

变色三

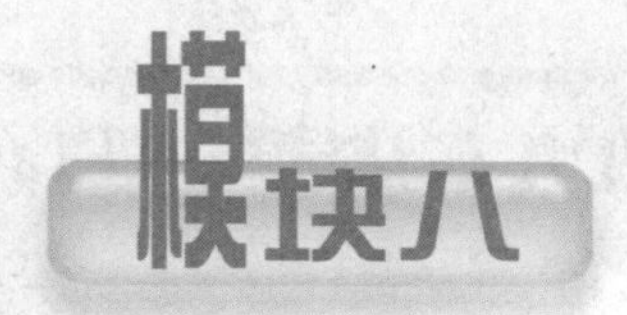

Flash CS3的脚本动画

模块综述

怎样让我们创作的动画吸引观众而不让他们“移情别恋”呢？最好的办法就是让观众积极参与。单击一下鼠标，使鱼儿游来游去；敲一下键盘，使小鸟为你歌唱；按下导弹发射的倒计时按钮，10、9、8、7……那种亲手按下按钮的感觉，亲身体验的爽快，这就是交互动画的魅力所在。本模块通过一个自动生成的九九乘法表和互动游戏，向同学们介绍Flash CS3脚本创建的基本方法和应用。

通过本模块的学习，你将能够：

- ●掌握脚本动画创建的基本方法；
- ●学会制作交互动画。

任务一　九九乘法表——Flash CS3编程基础

模块综述

Flash脚本语言的作用是给Flash动画添加交互性，如制作导航栏、按钮，互动游戏等与用户亲密接触。可以毫不夸张地说，如果没有动作脚本，Flash就不会有这么大的魅力。

实例欣赏

打开“素材\模块八\九九乘法表.swf”，将看一个熟悉的九九乘法表动画。

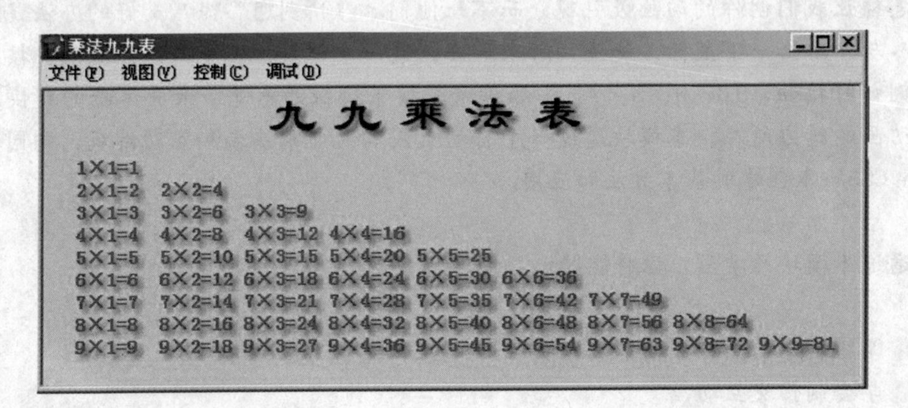

本案例适用范围

智力游戏设计、教育课件制作等。

操作步骤

（1）新建Flash(ActionScript 2.0)文档，设置场景大小为600像素×200像素，背景颜色值为“#FFFFCC”。

（2）在场景的上方中间输入 “九九乘法表”作为标题，设置颜色为黑色，大小“36”。

（3）在场景文字下方创建一个动态文本域，字体大小为“14”，颜色为蓝色，具体位置如下图所示，变量名为“s”，其他值为默认状态。

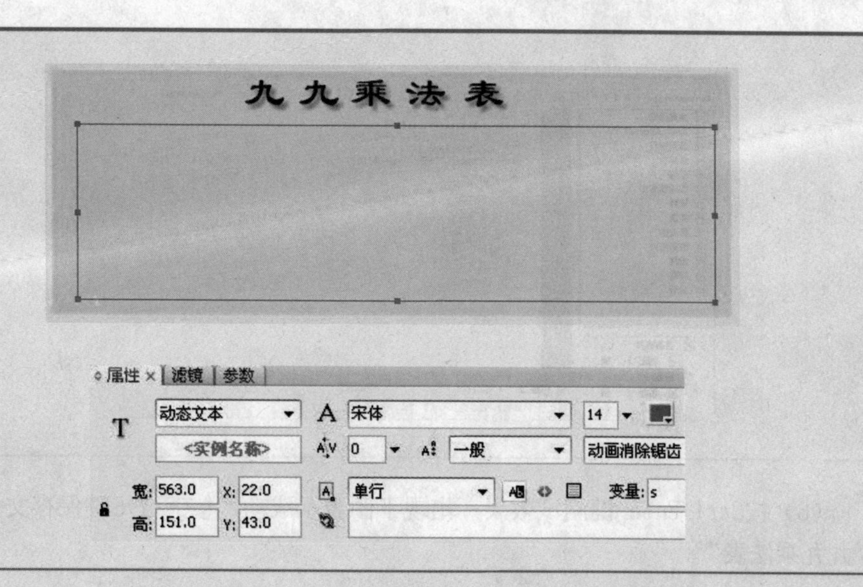

（4）选中标题文字和动态文本框，设置文字投影效果，如下图所示。

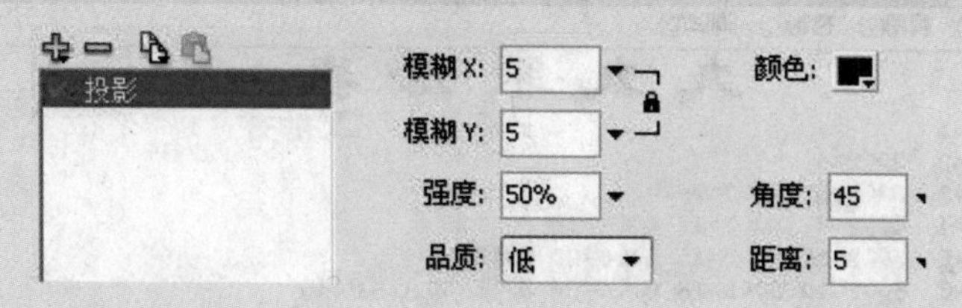

（5）选中第1帧，执行“窗口/动作”或按F9键，在出现如下图所示的动作面板中输入下列脚本语句（注意：在全英文和半角状态下输入，因为全角中文字母和标点会引起语法错误）。

```
var s: String = " ";          //定义全局变量s
for (var i=1; i<=9; i++) {
    for (var j=1; j<=i; j++) {
        var k = i*j;
s=s+i+" *" +j+" =" +k+(k<10 ? "  " : "  ")+(j==i ? " \n" : " ");
                                   //显示i*j=k  并自动换行
    }
}
```

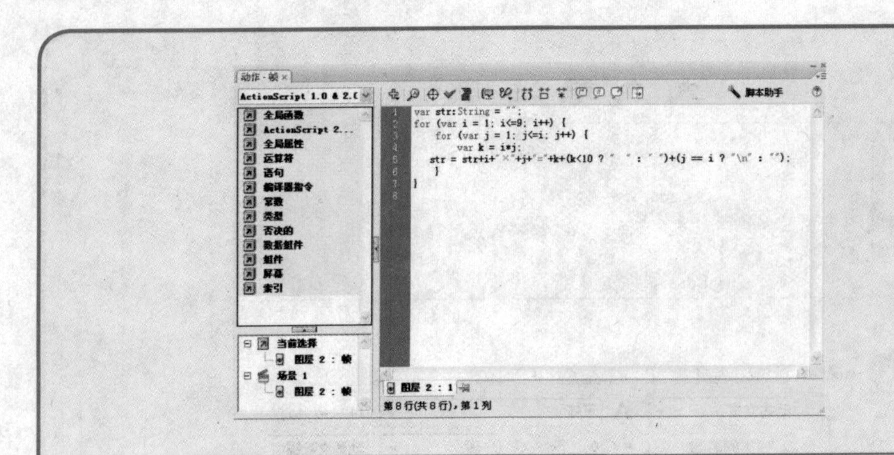

（6）按Ctrl+Enter键测试效果，出现下图表示成功，按Ctrl+S键保存文件名为“九九乘法表”。

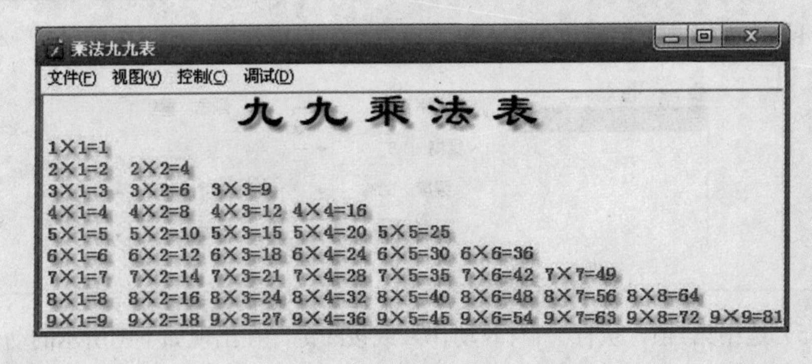

要点提示

本实例的技术要点是先定义一个动态文本框s，然后通过编程语句s=s+i+″ ×″ +j+″ =″ +k+(k<10 ? ″ ″ : ″ ″)+(j==i ? ″ \n″ : ″ ″)给s赋值并显示出结果。通过本例，我们知道Flash CS3的Action Script脚本语句（程序语言）对提高程序的可行性和效率有决定性作用，下面来了解一下编程基础知识。

1. Action Script相关术语

Action Script（简称AS）是一种编程语言，也就是“动作脚本”，是Flash 自带的脚本编程语言。程序设计者通过编写Action Script指令集，让Flash影片在特定的条件下，执行特定的动作。

在动画中加入脚本语句是通过“动作”面板来完成的，在Flash CS3中动作面板有“帧动作”面板、“按钮动作”面板和“影片动作”面板，即只有帧、按钮和影片才能加脚本语句，如下图所示是“帧动作”面板。

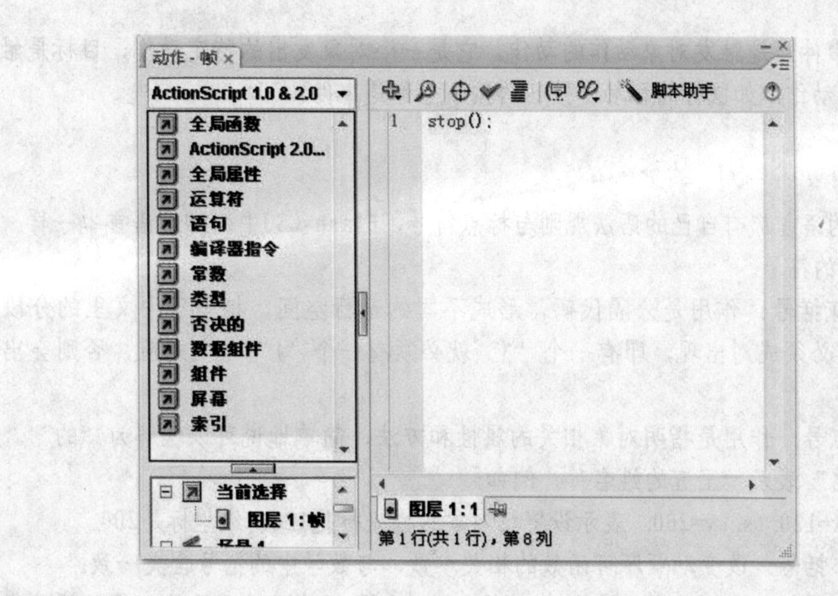

脚本的具体添加方法在前面有关模块中已经讲述，在此不再细讲，下面谈谈Action Script脚本中的相关术语。

（1）常量与变量：在使用脚本语言中需要用到一些保持不变的数值，称为“常量”。常量有数据值、字符串型和逻辑型3种，具体含义如下：

- 数值型　由具体数值表示的定量参数，如4，6.73，PI等。
- 字符串型　由若干字符组成，用半角的双引号括起来，如“chongqing”，“早上好！”。
- 逻辑型　表示逻辑判断的结果，只有两个值。如果判断成立，用“true”表示；不成立用“false”表示。

与常量相对的是变量，就是值可以改变的量。变量可以存储各种类型的数据，使用赋值符号“=”给变量赋值，如s=3456;表示给s赋值为3456。

注意：在Flash影片中，主时间轴和影片时间轴都有各自的变量，互不影响。

（2）表达式：用运算符号将常量、变量、函数等连接起来的式子，如本实例中的k = i*j;就是一个表达式。

（3）类：一系列关联对象的集合。如所有的人组成“人类”，所有的动物组成“动物类”等。类可以扩展，如动物中所有的羊组成“羊类”，即“羊类”是“动物类”的一个扩展，扩展出来的类默认情况下会复制原来类的所有属性。如下面语句定义了一个类。

```
Class Sheep{                    //定义一个“羊类”
 Var name;                      //羊的名称
 Var age;                       //羊的年龄
 Function Run( ){ }             //羊跑的动物
}
```

（4）事件：是触发对象动作的动作。它是一个对象发出的特定动作，目标是触发另一个对象的动作，如鼠标的移动、按钮的按下等都是事件。

2.Action Script基本语法

所有的语言都有自己的语法规则与标点符号，Flash CS3中的脚本语言也一样。下面是一些常用的符号。

（1）花括号：作用是分隔代码，形成不同的运行空间，相当于中文里的分段。注意：花括号必须成对出现，即有一个“{”就必须有一个“}”与之对应，否则会出现语法错误。

（2）点号：作用是指明对象相关的属性和方法，简单地说可以理解为“的”。例如“王五.姓名”表示“王五的姓名”。例如：

Ts._x=120; ts._y=200; 表示设置ts对象的横坐标是120，纵坐标是200。

（3）小括号：改变动顺序可函数的相关参数，与数学中的括号含义一致。

（4）双斜杠：表示注释，在程序中不会执行，是写给设计者看的，便于阅读程序。例如：

```
s=s+i+" ×" +j+" =" +k+(k<10 ? "  " : "  ")+(j==i ? " \n" : "");
                                    //显示i*j=k  并自动换行
```

任务二　剪刀石头布——Flash CS3制作简单游戏

任务概述

本任务通过“剪刀石头布”游戏的制作实例，讲述使用动作脚本创建与计算机的交互动画的实现方法。同时引导同学们利用Flash CS3制作简单游戏，领略Flash CS3的强大功能。

实例欣赏

打开“素材\模块八\剪刀石头布.swf”，跟计算机玩一个简单的游戏吧，如下图所示。

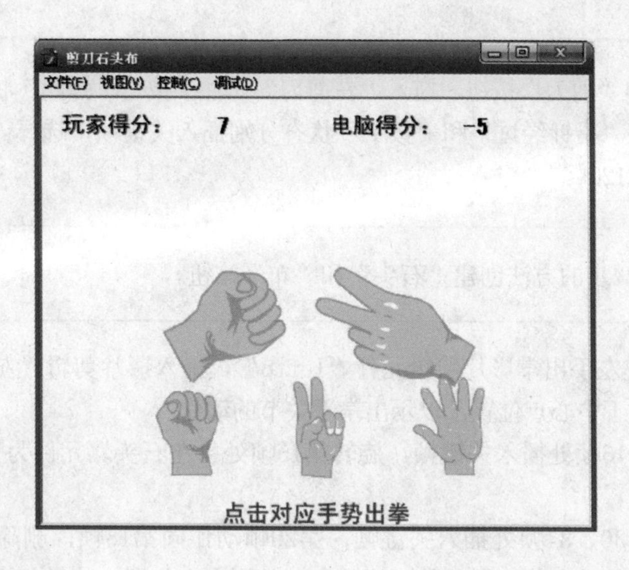

本案例适用范围

互动游戏制作、早教游戏制作、儿童智力开发小游戏。

操作步骤

（1）新建文件，设置场景大小为默认值，30fps，背景为白色。

（2）将准备的6张素材图片导入到库中，并分别归类到不同的文件夹中，分别为“左手”和“右手”。

（3）新建“左剪刀”影片剪辑元件，拖入“左剪刀”图，利用“魔术棒”工具提取手形状，去掉图片中的白色。按同样的方法分别新建“左石头”、“左布”、“右剪刀”、“右石头”、“左布”影片剪辑元件，调整位置，并归类到相应的文件夹中。各手势分别如下图所示。

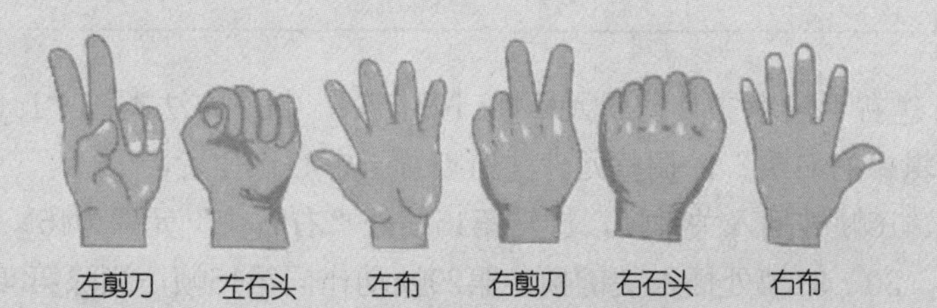

（4）新建“剪刀”按钮，拖入“左剪刀”元件于按钮“弹起”状态，调整好大小与位置。在“指针经过”和“按下”状态分别插入关键帧，选择“指针经过”中的元件放大到120%。

（5）按第4步的方法创建“石头”和“布”按钮。

（6）新建左手出拳影片剪辑元件“leftp”，拖入影片剪辑“左石头”，调整元件注册点置于中心点位置，以示出拳手关节的动作。

在第15、16帧处插入关键帧，旋转第15帧处“左石头”元件为-15°，以示出拳状态。

在第29、30、31帧处插入关键帧，第29帧动作同第15帧，删除第30帧处的元件，在库中拖入“左剪刀”元件，注册点调整到中心位置，旋转相应的角度。第30帧同第1帧元件状态。

在第44、45帧处插入关键帧，第44帧元件状态同第15帧，删除第45帧元件。

在库中拖入“左布”元件，按前面的方法调整注册点到中心，旋转到相应位置。分别为第15、30、45帧添加停止脚本语句：stop();分别为1～15帧、16～26帧和31～44帧创建动画补间。

时间轴及部分关键帧内容如下图所示。

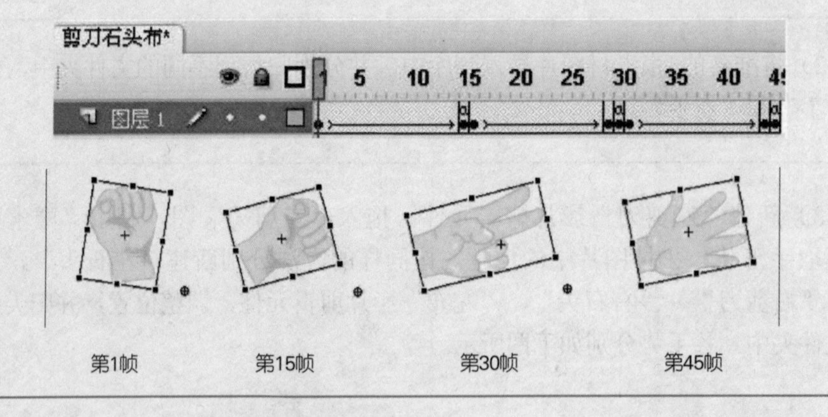

（7）新建右手出拳影片剪辑元件“rightp”，制作方法类似“leftp”元件，拖入影片剪辑“右石头”，调整元件注册点置于中心点位置。

在第15、16帧处插入关键帧，旋转第15帧处“右石头”元件为15°。

在第29、30、31帧处插入关键帧，第29帧动作同第15帧，删除第30帧处元件，在库中拖入“左剪刀”元件，注册点调整到中心，旋转相应的角度。第30帧同第1帧元件。

在第44、45帧处插入关键帧，第44帧元件同第15帧，删除第45帧元件，在库中拖入“右布”元件，调整注册点到中心，旋转到相应位置。

分别为第15、30、45帧添加停止脚本语句：

stop()；

分别为1～15帧、16～26帧和31～44帧创建动画补间。下图所示为部分关键帧内容。

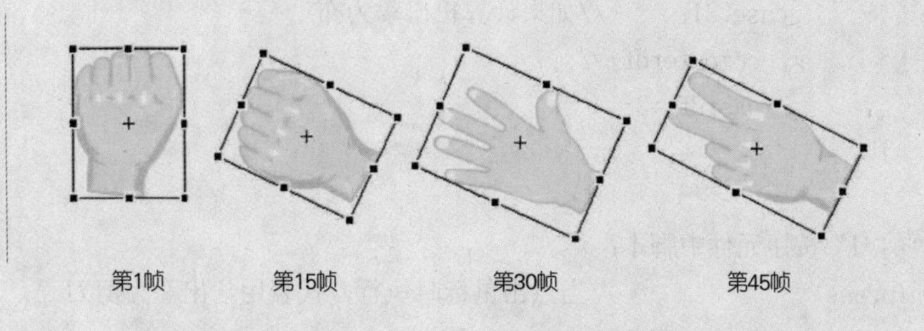

第1帧　第15帧　第30帧　第45帧

（8）回到主场景，在场景上方输入“玩家得分：”和“电脑得分：”静态文字，设置其字体黑体，颜色为黑色，大小为“20”，调整相对位置。分别在“玩家得分：”和“电脑得分：”后面创建动态文本框，分别取变量名为“userdf”和“computerdf”。

（9）在场景中两边拖入“leftp”和“rightp”影片剪辑元件，水平对齐。在场景的下方拖放3个按钮，依次是“石头”、“剪刀”和“布”，调整好位置。在按钮的下方输入静态文本“点击对应手势出拳”，以提示用户选择。

（10）为按钮添加脚本。选择“石头”按钮元件，进入脚本编辑模式，输入脚本：

```
on(press)                    //当点击鼠标时执行，代表用户出拳为石头
{
    leftp.gotoAndPlay(1);    //用户手势从第1帧播放
//产生一个随机数存放于全局变量i中，并使计算机手势从相应的帧数开始播放
cc();
    switch (i)               //依据产生的随机数执行相应的操作
    {
        case 1:              //如果计算机出拳为石头
          computerdf+=1;
```

```
            userdf+=1;
            break;
          case 16:      //如果计算机出拳为剪刀
            computerdf-=2;
            userdf+=2;
            break;
          case 31:      //如果计算机出拳为布
            computerdf+=2;
            userdf-=2;
      }
  }
```

“剪刀”按钮元件中脚本：

```
on(press)                //当点击鼠标时执行，代表用户出拳为剪刀
{
    leftp.gotoAndPlay(16);
    cc();
    switch (i)
    {
          case 1:      //如果计算机出拳为石头
            computerdf+=2;
            userdf-=2;
            break;
          case 16:   //如果计算机出拳为剪刀
            computerdf+=1;
            userdf+=1;
            break;
          case 31:  //如果计算机出拳为布
            computerdf-=2;
            userdf+=2;
    }
}
```

“布”按钮元件中脚本：

```
on(press)               //当单击鼠标时执行，代表用户出拳为布
{
    leftp.gotoAndPlay(31);
```

```
cc();
switch (i)
{
        case 1:            //如果计算机出拳为石头
          computerdf-=2;
          userdf+=2;
          break;
        case 16:           //如果计算机出拳为剪刀
          computerdf+=2;
          userdf-=2;
          break;
        case 31:           //如果计算机出拳为布
          computerdf+=1;
          userdf+=1;
  }
}
```

（11）选择图层第1帧，进入脚本编辑状态，为主场景编写脚本如下：

```
leftp.gotoAndStop(1);            //使用户手势在第1帧停止
rightc.gotoAndStop(1);           //使计算机手势在第1帧停止
var userdf=0,computerdf=0;       //定义及初始化用户得分变量及计算机得分变量
var i;                           //定义全局变量i
//产生一个随机数存放于全局变量i中，并使计算机手势从相应的帧数开始播放
function cc()
{
    i=random(3)*15+1;
    rightc.gotoAndPlay(i);
}
```

（12）保存文件名为“剪刀石头布”，按Ctrl+Enter键测试文件，制作完成

要点提示

本实例比上一个任务要复杂得多，但主要技术点还是设置变量，然后通过编程语句赋值，做出判断，最后得出结果。下面将更进一步介绍脚本语句的编程知识，以便有兴趣同学的深入学习，提高动画的制作水平。

1.Action Script的控制语句

在使用Flash CS3编程时常用到顺序结构、条件控制结构、循环结构控制语句来控制语句的执行方式。

（1）顺序结构：这种方式就是程序执行时按脚本书写顺序执行，只与代码排列先后有关。

（2）条件控制结构：由条件判断语句实现。当条件为成立时，执行一段代码；条件不成立时，执行另一段代码。如本例中的

```
switch (i)//依据产生的随机数执行相应的操作
{
    case 1:      //如果计算机出拳为石头时，执行下面的代码
      computerdf+=1;
      userdf+=1;
      break;
    case 16:     //如果计算机出拳为剪刀时，执行下面的代码
      computerdf-=2;
      userdf+=2;
      break;
    case 31:     //如果计算机出拳为布时，执行下面的代码
      computerdf+=2;
      userdf-=2;
}
```

（3）循环控制结构：在给出的条件成立时，反复执行同一段代码，直到条件不成立时为止。如本模块任务中的下列语句。

```
for (var i=1; i<=9; i++) {
    for (var j=1; j<=i; j++) {
        var k = i*j;
    s=s+i+" × "+j+" ="+k+(k<10? "  " : " " )+(j==i ? " \n" : " " );
        //显示i*j=k  并自动换行
    }
}
```

2.Action Script常用的动作语句

在Flash CS3中内置了数百条的动作语句，通过它们可以实现非常强大的交互功能，下面介绍几种常见的动作语句。

（1）stop()语句：用于停止动画的播放，该语句没有参数。

语句格式：stop();

（2）play()语句：用于使动画从当前帧开始播放，该语句没有参数。

语句格式：play();

（3）gotoAndPlay()语句：用于跳转到某一帧或场景，并开始播放。

语句格式：gotoAndPlay(场景,帧);

场景：指定要转到场景的名称，如果在同一个场景中跳转，可以省略该参数。

帧：指定要转到的帧。

例如，以下代码将使动画从第8帧开始播放。

```
on (release) {
    gotoAndPlay(8);//转到当前场景的第8帧开始播放
}
```

（4）gotoAndStop()语句：用于跳转到某一帧或场景，并停止播放。其格式与参数同gotoAndPlay()语句。

例如，以下代码将使动画跳转至第10帧，并停止播放。

```
on (release) {
    gotoAndStop (10); //转到当前场景的第10帧并停止播放
}
```

（5）stopAllSounds()语句：用于停止动画中的所有声音，而不影响其视觉效果，该语句没有参数。

（6）nextScene()语句：用于跳转并停止在下一场景的第1帧上，该语句没有参数。

语句格式：nextScene();

（7）prevScene()语句：用于跳转并停止在上一场景的第1帧上，该语句没有参数。

语句格式：prevScene();

（8）trace()语句：用于获取影片剪辑的名称、位置、大小和透明度等属性。

语句格式：trace(目标.属性);

目标：影片剪辑实例的名称。

属性：实例的位置、大小和透明度等。

例如，以下代码将获取名称为cs的影片剪辑的位置、透明度和大小属性。

```
trace(cs._x);       //获取cs的x轴坐标
trace(cs._alpha);   //获取cs的Alpha透明度值
trace(cs.width);    //获取cs的宽度
```

(9) getURL()语句：用于将指定的URL加载到浏览器窗口，或者将变量数据发送给指定的URL。

语句格式：getURL(网页地址,窗口);

参数的意义如下：

网页地址：链接网页的地址，如http: //www.baidu.com。

窗口：用于设置网页打开的位置，有4种方式可以选择。

①_self：指定当前窗口中的当前框架。

②_blank：指定一个新窗口。

③_parent：指定当前框架的父级。

④_top：指定当前窗口中的顶级框架。

例如，以下代码将使动画在用户单击赋予该动作的按钮时，在新窗口中打开URL为www.baidu.com的网页。

```
on(release){
    getURL("http: //www.baidu.com", "_blank");
}
```

自我测试

1.填空题

(1) __________是Flash的编程语言，即通常所说的“脚本语句”。

(2) 在Flash CS3中实现程序执行的语句一般有__________、__________和__________三种控制结构。

2.选择题

(1) 在Flash CS3中，可以向（　）添加Action Script。

A.帧　　B.影片剪辑　　C.按钮　　D.图像

(2) 在Flash CS3编程中也遵循程序中的三大结构是（　）。

A.顺序结构　　B.循环结构　　C.二分结构　　D.条件控制结构

(3) Flash CS3中使用的脚本语言是（　）。

A.ActionScript 1.0　　B.ActionScript 2.0

C.ActionScript 3.0　　D.ActionScript 4.0

3.操作题

(1) 求100以内自然数的累加和，运行后界面如下图所示。

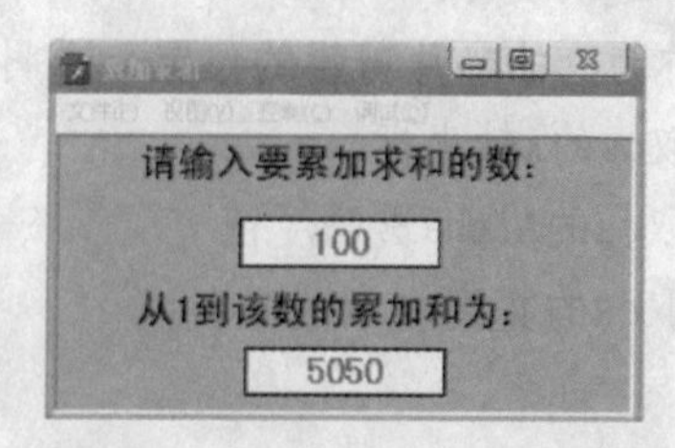

操作提示：

①新建文件，在场景中输入“请输入要累加求和的数：”和“从1到该数的累加和为：”静态文本。

②在第一行文字下方创建一个输入文本框，字体大小为“20”，颜色为红色，居中，变量名为“input”。属性栏显示如下图所示。

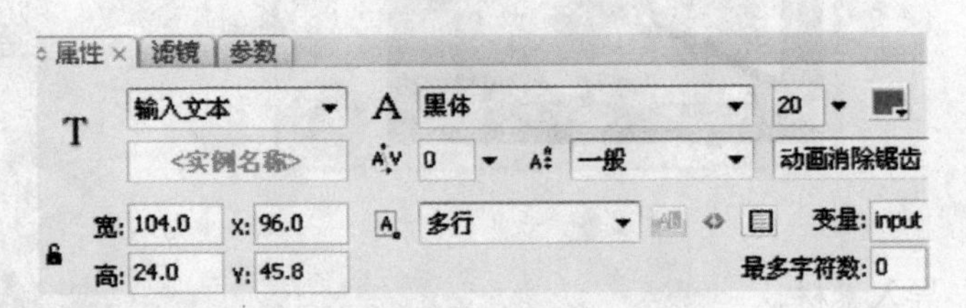

③在第二行文字下方创建一个动态文本框，字体大小为“20”，颜色为红色，居中，变量名为result。文字与文本框排列如下图所示。

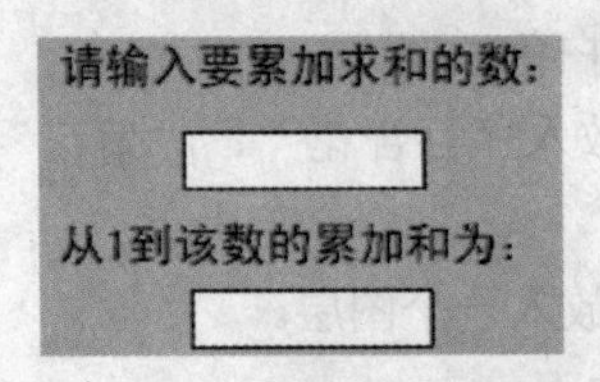

④选中第1帧，输入如下脚本语言：

```
this.onEnterFrame = function() {          /*调用刷新函数*/
    if (input>0 && input<=100) {          /*判断用户输入值的范围*/
        j = 0;                            /*赋初值为0*/
        for (i=0; i<=opernum; i++) {      /*循环变量的控制*/
            j += i;                       /*累加*/
        }
        result = j;                       /*累加结果赋值给变量result*/
    }
};
```

⑤保存文件名为“累加求和”，测试动画。

（2）制作一个花卉欣赏动画，效果图如下，单击“next”按钮时将看到不同的鲜花图片。

操作提示：

①新建文件，导入素材。

②制作“边框”，布置场景。

③在“边框”图层下方新建图层，命名为“花”，在第1帧拖入位图“玫瑰花”，结合上面图层调整大小，以便于边框罩住下面图片。并在图片边上添加文字“玫瑰花”，字体“隶书”，字号“50”，颜色白色。

④在第2、3、4、5、6帧分别放入“百合花”、“菊花”、“梅花”、“牡丹花”、“荷花”。

⑤制作“next”按钮，并单独放入一个图层。

⑥选择按钮， 添加按钮代码如下：

```
on (release) {play();}
```

⑦新建“脚本”图层，在第1、2、3、4、5、6帧处分别输入动作脚本停止命令：stop();

⑧新建图层命名为“标题”，输入文字“花卉欣赏”，并做相应美化。整个动画时间轴显示如下图所示。

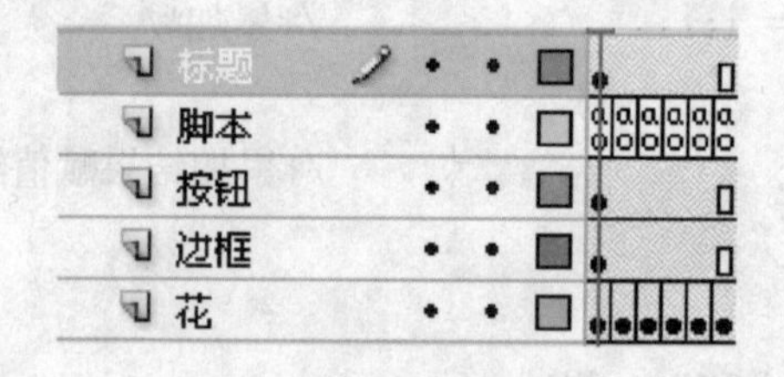

⑨保存文件名为“花卉欣赏”，并测试动画。

综合实战

模块综述

在本模块中我们将综合运用前面已学的知识具体创作一些动画特效。

通过这个模块的学习，你将可以：

- ●掌握提取时间的函数date（）用法；
- ●利用Flash CS3制作自己的MTV动画；
- ●制作动画十足的电子贺卡；
- ●制作动画短片。

任务一　时钟的制作

任务概述

本任务以“创建出一个漂亮的时钟”为线索向同学们介绍如何在Flash CS3中显示系统时间。通过本例，你将掌握使用函数Date（）及相关参数，以及学会圆周运动中的换算方法。

实例欣赏

打开“素材\模块九\时钟.swf”，你将会看到现在是多少时间，如下图所示。

本案例适用范围

钟表广告设计，动漫环境设计，电子贺卡设计。

操作步骤

（1）新建一个宽170像素，高190像素的Flash CS3文档，并以“时钟”为文件名存盘。

（2）环境元件的制作

①新建一个名称为“图形1” 图形元件。在“图形1”元件编辑场景中，绘制一个如右图所示的钟摆。

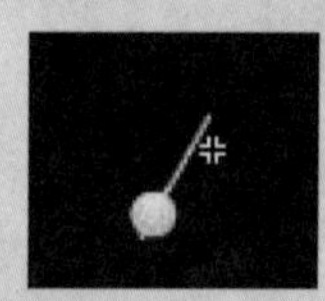

②新建一个名称为“钟摆运动”的影片剪辑元件。在第1帧处将“图形1”元件拖入到舞台中心。在第2、4、6、8、10、12、14、16、18、20、22、24帧处插入关键帧，并在各个关键帧处按逆时针方向微量旋转“图形1”，完成钟摆从左下角到右下角的运动。下图是第1帧和第24帧“图形1”的位置。

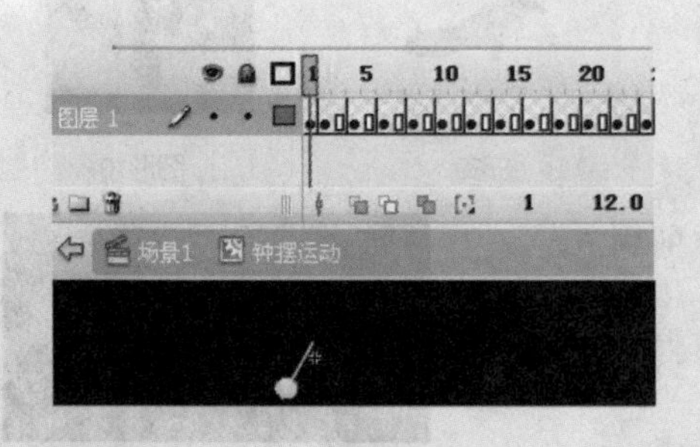

第1帧

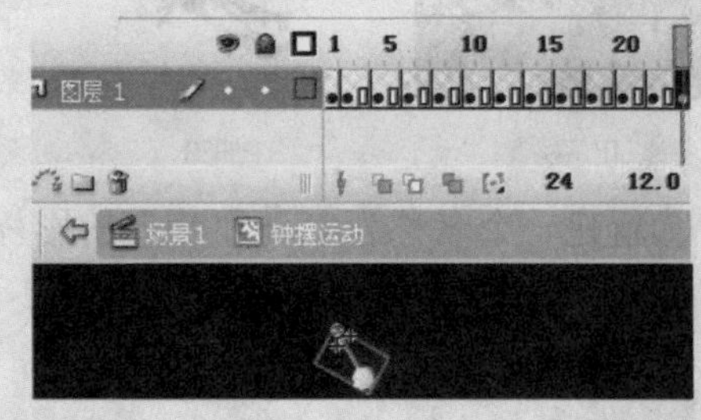

第24帧

③在第25帧插入空白关键帧。复制第1～24帧的内容到第25帧处，此时第25～48帧的内容与第1~24帧相同。选中第25～48帧右击，在弹出的快捷菜单中选择“翻转帧”，实现钟摆从右下角到左下角的运动，如下图所示，从而制作完成钟摆的来回运动。

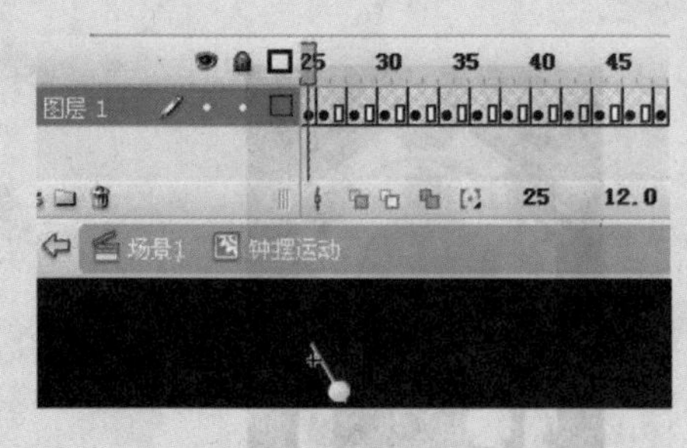

第25帧

第48帧

④新建一个名称为“图形2”的图形元件，绘制如右图所示的房子和时钟。

⑤分别新建一个名称为“时针”和“分针”的影片剪辑元件，制作如右图所示的时针和分针。

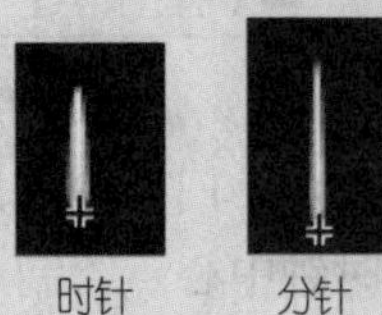

时针　分针

⑥新建“叶子”、“图形8”、“图形9”和“图形10”4个图形元件，如下图所示。

叶子

图形8

图形9

图形10

⑦新建一个名称为“鸟和叶”的影片剪辑元件，各元件的排列位置如右图所示。

（3）布置舞台，组装动画

①返回场景1，新建5个图层，将“钟摆运动”、“房子”、“时针”、“分针”、“鸟和叶”和“图形10”等元件，按由下到上的顺序，放入相应的图层，如下图（a）所示。这些元件在舞台中的排放位置如下图（b）所示，同时在各图层的第2帧处插入帧。

（a）

（b）

②将时针影片剪辑实例名称命名为“hours”，如下图（a）所示；将分针影片剪辑名称命名为“minutes”，如下图（b）所示。

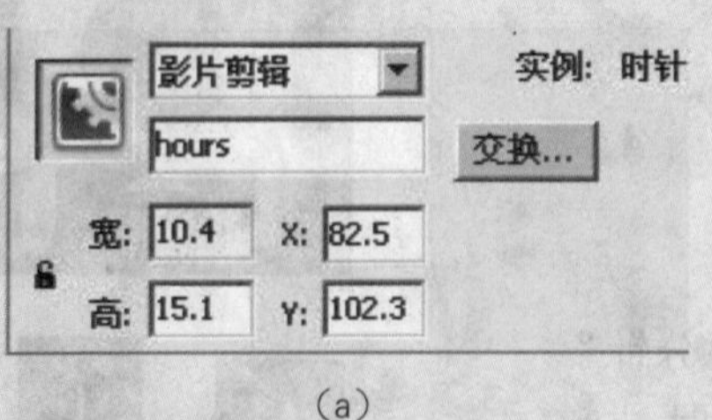

（a）

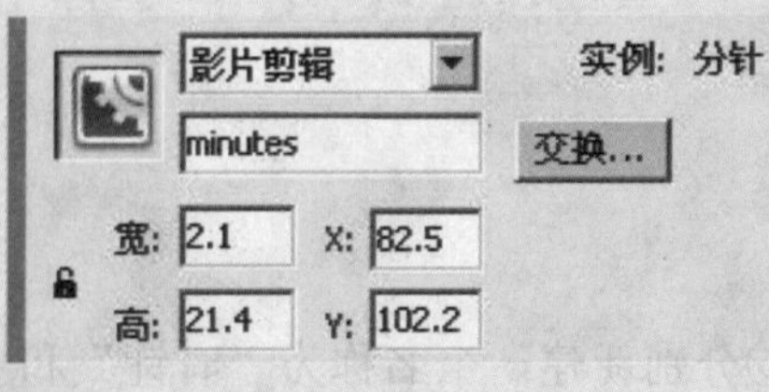

（b）

③在“小门”图层的上方插入图层6，并将层名称改为“中心点”。在如下图所示的时钟中心点绘制一个宽和高均为3.8的小圆点。

④在“中心点”图层的上方插入图层7，将层名改为“控制”。在第1帧处按F9键，在弹出的动作面板中输入以下代码（图层如右图所示）。

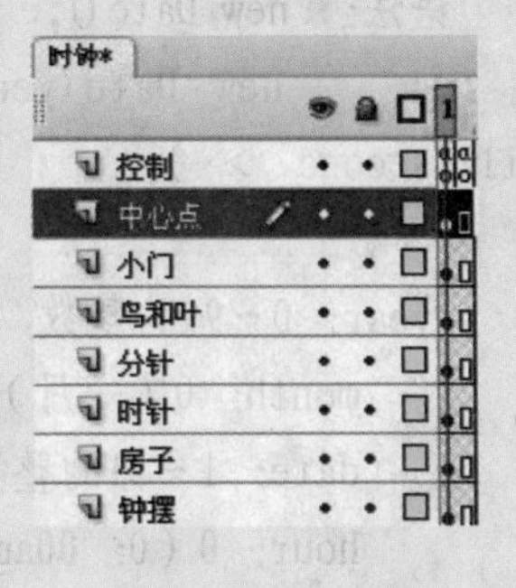


```
var time: Date= new Date();
hour = time.getHours();
minute = time.getMinutes();
seconds = time.getSeconds();
if (hour> 12)
{  hour = hour - 12; }
if (hour < 1)
{  hour = 12; }
hours.rotation = time.getHours()*30+ int(minute/2);
minutes.rotation = time.getMinutes() * 6 + int(seconds/10);
```

⑤在第2帧处输入以下代码：

```
gotoAndPlay(1);
```

⑥一个精美的时钟就制作完成，按Ctrl+Enter键测试影片，按Ctrl+S键保存文件。

要点提示

日期及时间的脚本编写并不复杂，这里只简单地讲解了获取日期及时间。当然，还可以进行日期及时间的修改设置，使用的命令及方法与获取类似，希望同学们能通过这个简单的例子掌握基本的日期及时间AS的编写。下面详细介绍日期函数的有关参数，有兴趣的同学可通过查阅相关书籍了解更多类似的Flash CS3内置函数的用法。

1.日期时间的基本命令及含义

getFullYear()：按照本地时间返回4位数字的年份数。

getMonth()：按照本地时间返回月份数。

getDate(): 按照本地时间返回某天是当月的第几天。

getHours(): 按照本地时间返回小时值。

getMinutes(): 按照本地时间返回分钟值。

getSeconds(): 按照本地时间返回秒数。

以上命令并不是很难理解，都是获取本地计算机上的日期及时间。但是要使用这些命令，我们必须先用Date对象的构造函数创建一个Date对象的实例。然后，就可以用创建的这个实例来进行操作。

2.命令格式

实例名 = new Date()

语法: new Date();

new Date(year [, month [, date [, hour [, minute [, second [, millisecond]]]]]]);

参数:

year: 0~99的整数，对应于 1900—1999 年，或者为4位数字指定确定的年份;

month: 0（一月）到11（十二月）的整数，这个参数是可选的;

date: 1~31的整数，这个参数是可选的;

hour: 0（0: 00am）~23（11: 00pm）的整数，这个参数是可选的;

minute: 0~59的整数，这个参数是可选的;

second: 0~59的整数，这个参数是可选的;

millisecond: 0~999的整数，这个参数是可选的。

3.应用实例

（1）下面是获得当前日期和时间的例子:

```
now = new Date();
```

（2）下面是创建一个关于国庆节的 Date 对象的例子:

```
national_day = new Date (49, 10, 1)
```

（3）如本例中的下列语句:

```
hour = time.getHours();         //获得当前的小时数
minute = time.getMinutes();     //获得当前的分钟数
seconds = time.getSeconds();    //获得当前的秒数
```

任务二 MTV的制作

任务概述

制作一个图文声并茂的影片文件（MTV）是每一个初学Flash软件人的梦想，如何制作呢？本任务中将通过“宁夏MTV”的制作，系统介绍个人MTV的制作过程。

影片欣赏

打开素材光盘中的“宁夏.swf”文件，你将会欣赏到一个个人MTV动画，如下图所示。

本案列适用范围

个人MTV制作、电影序幕和片尾制作、卡通电子贺卡设计。

操作步骤

（1）背景音乐的处理

①启动Flash CS3，新建一个500*400的Flash文件（Action script2.0），设置背景色为粉红色，并执行保存文件命令，文件名为“宁夏”。

②执行“文件\导入\导入到库……”，将音乐素材“素材\模块九\ningxia.mp3”导入文件中，可发现库中有“ningxia.mp3”音乐元件。

③双击“图层1”名称处，将“图层1”修改为“音乐”。

④将ningxia.mp3从库中拖入场景，单击第1帧，在“属性”面板中将音乐属性设置为“数据流”。

⑤利用以前所学知识，对音乐进行编辑。向右拖动滚动条，可知该歌曲有

2 515帧，如下左图所示）；而最后一段基本上没有音乐，所以可以将结束按钮向左拖动到2 424帧，如下图所示。

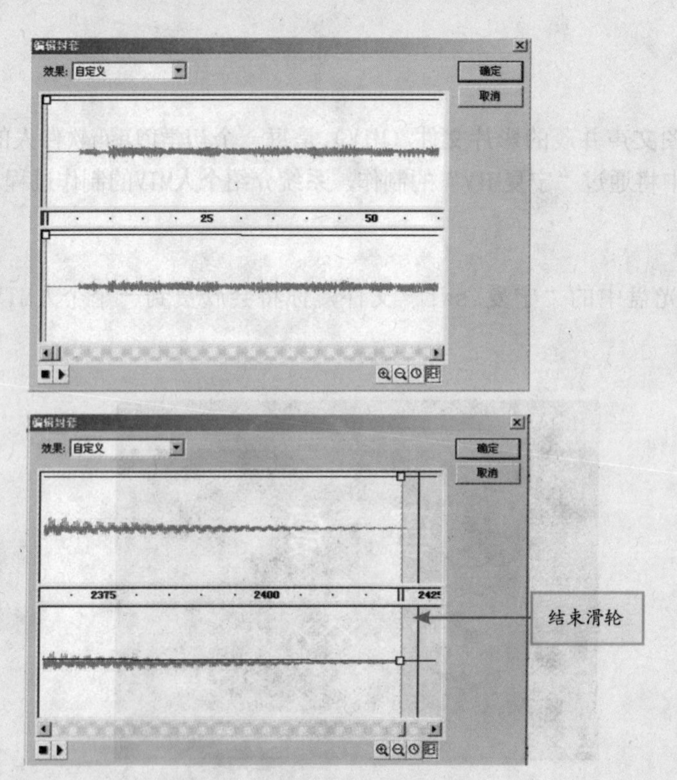

⑥单击“确定”返回“场景1”，在“音乐”层的2 424帧处按F5插入帧，可以看到“音乐”层有声音波形，如下图所示。

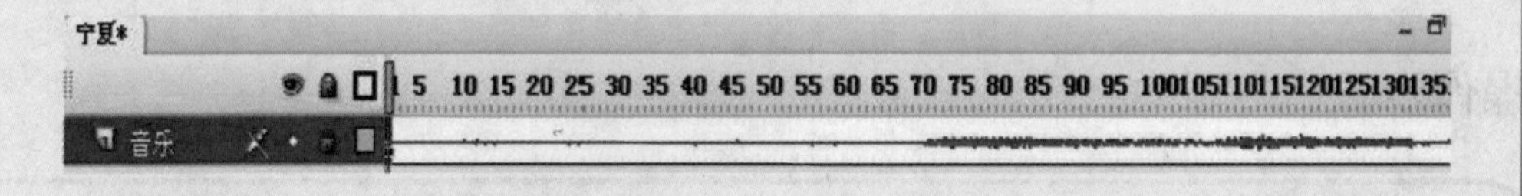

⑦背景音乐处理完毕，为了操作其他层时不影响此层，将此层锁住。

（2）播放边框的制作

个性化边框是制作个性化MTV的常用方法，在此例中我们将制作一个随歌曲情景有少许变化的类似电视机的边框，以便将歌词放于此边框下边缘。

①新建一个图层，并命名为“边框”，打开标尺，设置如下图所示的参考线。

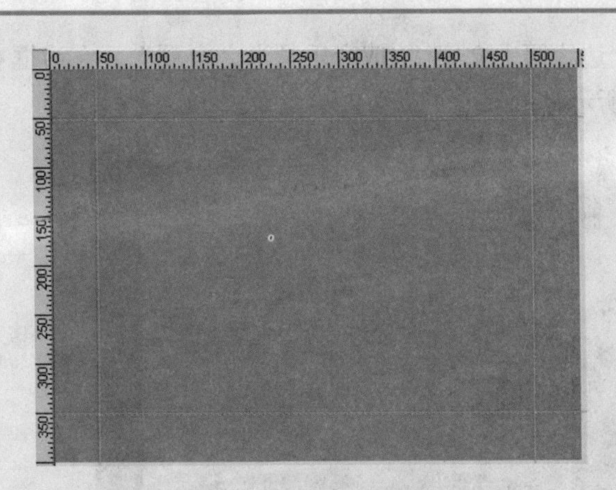

②根据标尺画一个如下图所示的边框。

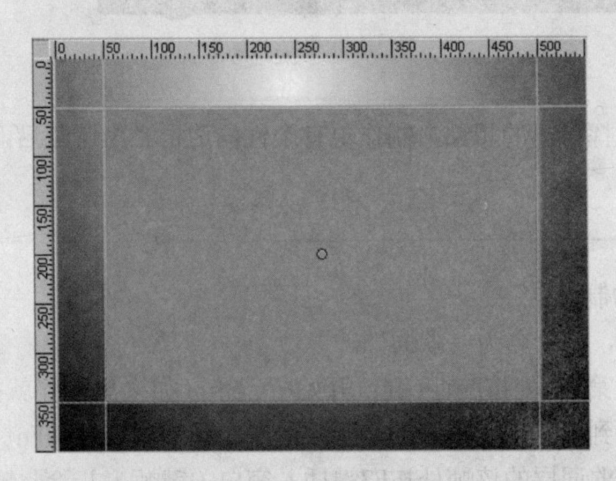

③关闭参考线，用“选择”工具，指着边框下面的内边线向上拉弧形。

④将此边框转换成影片元件，并给影片元件命名为“边框”，此时在舞台上按Ctrl+D键，复制此边框一个副本，将此副本扩大少许，并左下移动10个像素左右。

⑤选择上面的边框，在“属性”栏中设置其30%的灰色，效果如下图所示。

⑥在边框的上边缘写上文字“MTV音乐频道之宁夏”，在边框右下角制作一个浅色按钮，如下图所示。

注意

同学们也可发挥自己的想象，制作更有个性的边框。为避免后面的操作影响此层，应将此层锁住。

（3）歌词层的制作

①新建一图层，并命名为“歌词”。

②在歌词层的第1帧处按Enter键，开始听音乐（如果想暂停就按Enter键）。仔细听音乐，当听到第一个“宁静的夏天”的“宁”字出现时按Enter键暂停(此歌曲是290帧处)，在歌词层的该帧处按F7键插入空白关键帧，并给此帧的标签命名为“宁静的夏天”，如下图所示。

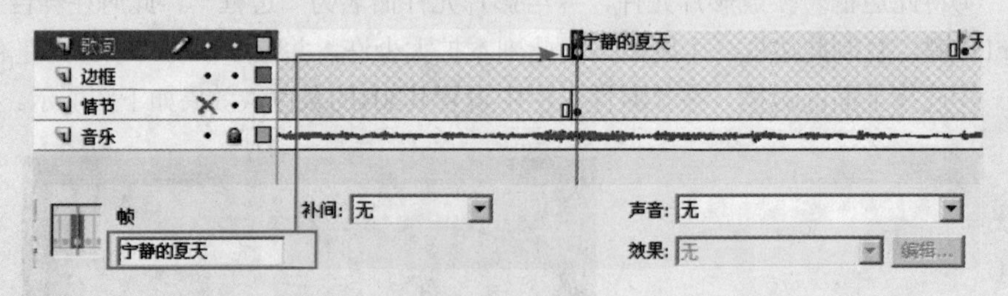

③将歌词“宁静的夏天”放在场景中，位置如下图所示。

注意

为了增加趣味性和卡通性，作者选用了“方正卡通繁体”字体，同学们也可以根据自己喜爱选择字体。

④按Enter键继续听音乐，找准第2句歌词出现的帧处（如323帧），按第2步的方法插入空白关键帧和命名帧的名字，同样将第2句的歌词写入场景中相应位置，如下图所示。

注意

帧标签的名字不能相同，如果在后面有相同的歌词，如第2段的“宁静的夏天”就应该给帧的标签命名为“宁静的夏天1”，否则在动画发布时会提示错误。

⑤可参考下表在歌词层的相应帧处插入空白关键帧，并给相应的帧命名，然后将相应的歌词写放在场景1的恰当位置。

歌 词	开始帧处	歌 词	开始帧处
宁静的夏天	290	宁静的夏天	726
天空中繁星点点	323	天空中繁星点点	759
心里头有些思念	357	心里头有些思念	792
思念着你的脸	393	思念着你的脸	827
我可以假装看不见	432	我可以假装看不见	865
也可以偷偷的想念	476	也可以偷偷的想念	911
直到让我摸到你那温暖的脸	515	直到让我摸到你那温暖的脸	950

第1段结束　　第2段结束

歌　词	开始帧处	歌　词	开始帧处
知了也睡了	1 089	宁静的夏天	1453
安心的睡了	1 121	天空中繁星点点	1487
在我心里面宁静的夏天	1 157	心里头有些思念	1521
知了也睡了	1 228	思念着你的脸	1555
安心的睡了	1 262	我可以假装看不见	1596
在我心里面宁静的夏天	1 312	也可以偷偷的想念	1638
		直到让我摸到你那温暖的脸	1678

第3段结束　　第4段结束

歌　词	开始帧处
那是个宁静的夏天	1 787
你来到宁夏的那一天	1 856
知了也睡了	1 925
安心的睡了	1 958
在我心里面宁静的夏天	1 994
知了也睡了	2 064
安心的睡了	2 098
在我心里面宁静的夏天	2 237

第5段结束

⑥制作好歌词后，按Ctrl+Enter键检查歌词与音乐是否一致，以便调整。至此，歌词层制作完毕。

（4）场景动画情节制作

①打开“素材\模块九\宁夏素材文件.fla”文件，查看该文件的库中有作者准备好的元件，如右图所示。

②返回正在制作的文件“宁夏”中，在“音乐”层的上面新建一图层，并命名为“情节”，如下图所示。

③选中“情节”层中的第1帧，单击“库”面板选项，选择“宁夏素材文件”，将该库中的“过门”元件拖入到“宁夏.fla”文件的“情节”层第1帧，并调节好实例在舞台中的位置和大小，如下图所示。

④在“宁夏.fla”文件“情节”层的第290帧处按F7键插入关键帧，然后将“第一段场景1”元件从“宁夏素材.fla”文件的库中拖入到舞台，并调整好在舞台中的位置和大小，如下图所示。

⑤在“宁夏.fla”文件“情节”层的第357帧处按F7键插入关键帧，然后将“第一段场景2”元件从“宁夏素材.fla”文件的库中拖入到舞台，并调整好在舞台中的位置和大小，如下图所示。

⑥在“宁夏.fla”文件“情节”层的第726帧处按F7键插入关键帧，然后将“第二段场景”元件从“宁夏素材.fla”文件的库中拖入到舞台，并调整好在舞台中的位置和大小，如下图所示。

⑦在“宁夏.fla”文件“情节”层的1 089帧处按F7键插入关键帧，然后将“第三段场景”元件从“宁夏素材.fla”文件的库中拖入到舞台，并调整好在舞台中的位置和大小，如下图所示。

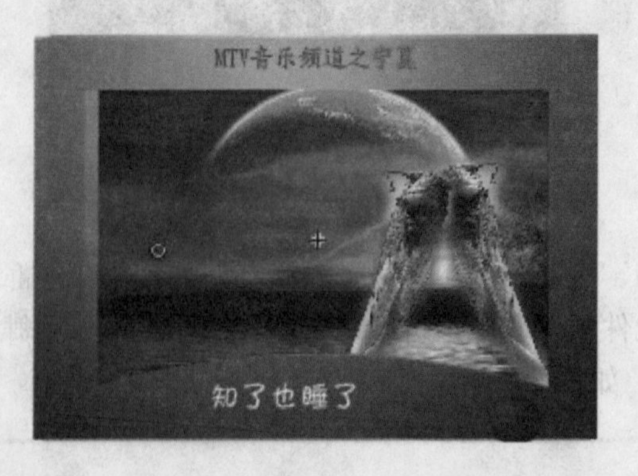

⑧在“宁夏.fla”文件“情节”层的1 453帧处按F7键插入关键帧，然后将“第四段场景”元件从“宁夏素材.fla”文件的库中拖入到舞台，并调整好在舞台中的位置和大小，如下图所示。

⑨在“宁夏.fla”文件“情节”层的1 787帧处按F7键插入关键帧，然后将“第五段场景1”元件从“宁夏素材.fla”文件的库中拖入到舞台，并调整好在舞台中的位置和大小，如下图所示。

⑩在“宁夏.fla”文件“情节”层的1 925帧处按F7键插入关键帧，然后将“第五段场景2”元件从“宁夏素材.fla”文件的库中拖入到舞台，并调整好在舞台中的位置和大小，如下图所示。

⑪按Ctrl+Enter键测试结果，若有不满意之处，再进行调整。

（5）loading制作

①执行“插入\场景”，新建一个场景2，此时舞台自动进入场景2。

②在场景2中的“图层1”画一个与舞台一样大小的黑色没有边框的矩形，在第30帧处插入关键帧，并锁定图层1。

③新建图层2，在图层2的第1帧写上白色文字“宁夏　演唱：梁静如　制作：×××”如下图所示。

④新建一图层3，在图层3的第1帧处在图中的参考线上方画一个没有边线的蓝色矩形，在第30帧处按F6键插入关键帧，并将此帧处的矩形变小，在1～30帧处添加形变动画，如下图所示。

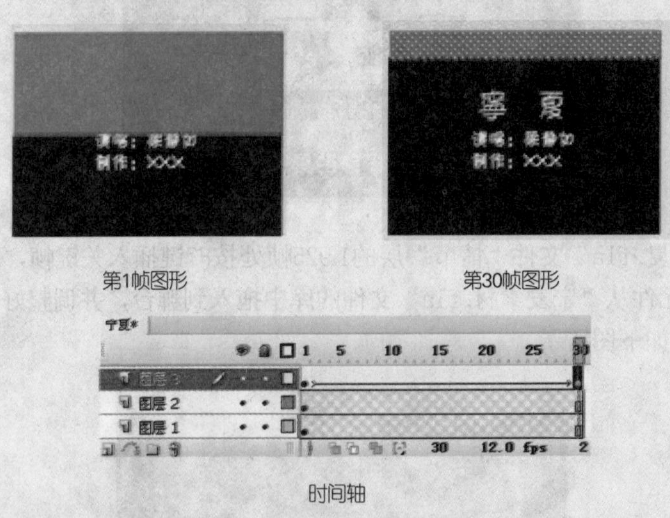

第1帧图形　　第30帧图形

时间轴

⑤按第4步的方法，新建图层4的第1帧处，在图中的参考线下方画一个没有边线的蓝色矩形，在第30帧处按F6键插入关键帧，并将此帧处的矩形变小，在第1～30帧处添加形变动画。

⑥新建“图层5”，在“图层5”的第30帧处插入空白关键帧，执行文件“导

入\导入到舞台”，将“素材\模块九\播放.gif”导入到舞台，并放好位置，如下图所示。

⑦选中导入的图片，按F8键将其转换成按钮元件，并命名元件的名称为“播放”。

⑧选中“图层5”的第30帧，按F9键，在出现的命令框中输入“stop();”代码。

⑨选中“播放”按扭，按F9键，在出现的窗口中输入如下代码：

```
on (release) {
    gotoAndPlay(" 场景1", 1);
}
```

⑩按Shift+F2键调出“场景”面板，如下图（a）所示；将场景2移到“场景1”的前面，如下图（b）所示。

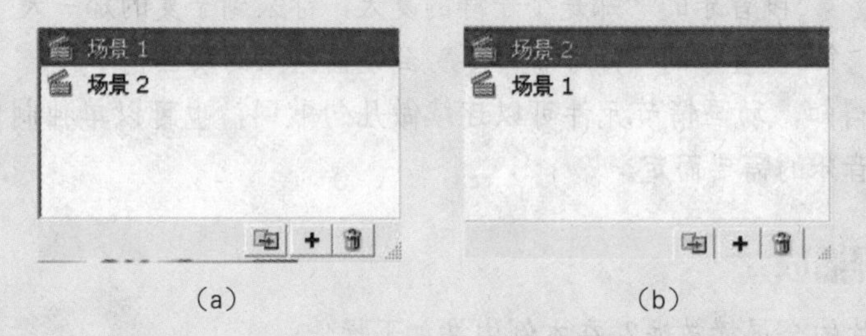

（a）　　（b）

（6）动画的发布

①执行“文件\发布设置…”命令，按前面讲的知识发布动画，或根据需要进行相关的发布设置后单击“确定”按钮。

②按Ctrl+Enter键测试和发布动画。

要点提示

本例的技术要点是利用元件制作好各个分镜头中的人物、故事情节和环镜元素，再到主场景中进行组合。制作MTV也可将分镜头的情节用场景来制作，在本模块的任务三中将详细讲述。制作MTV一般还需注意以下问题：

1.背景音乐的处理

因《宁夏》这首歌太长，重复的歌词较多，可用音乐处理软件来剪辑，也可直接用Flash CS3中的音乐编辑功能来剪掉一些重复的部分。本实例就是Flash CS3直接处理的。

2.场景动画情节制作

场景动画情节制作是MTV制作的主要部分，可以利用所学知识在影片元件中制作，例如本案例中制作了如下影片元件：

过门：从音乐开始(第1帧)到第一句歌词前（第290帧）之间的动画（注意：元件的帧数必须与主场景中的帧数一致，否则少了会重复播放，多了则播放不完）。

第1段场景1：是“宁静的夏天，天空中繁星点点”这两句歌词的情节。

第1段场景2：是“心里头有些思念 ” 至第1段结束歌词的情节动画。

第2段场景：第2段音乐的动画情节。

第3段场景：第3段音乐的动画情节。

第4段场景：第4段音乐的动画情节。

第5段场景1：第5段音乐的“那是个宁静的夏天，你来到宁夏的那一天”动画情节。

第5段场景2：第5段音乐的“知了也睡了”到歌曲结束的动画情节。

从上面分析得知，动画情节元件可以连续做几句歌词，也可以单独制作，根据制作者的个人爱好或音乐的需要而定。

3.实现全屏播放

如何实现影片的全屏播放呢？在本例中按如下操作：

进入主场景即“场景1”，在“场景1”中任何一个图层的第1帧处按F9键，在出现的窗口中输入如下命令（可以使用脚本向导轻松完成）：

```
fscommand("fullscreen", "true");
```

4.在影片结束加上“重播”按钮

操作方法如下：

（1）制作一个“重播”按钮。

（2）在“场景1”任何一个图层的最后1帧（有“关键帧”的图层，如果没有，可以插入一个带有“关键帧”的图层），然后选中此关键帧，按F9键，在出现的窗口中输入：

```
    stop();
```

（3）将“重播”按钮放在最后一帧的场景相关位置，选中此按钮按F9键，输入如下代码：

```
on (release) {
    gotoAndPlay("场景1", 1);
}
```

知识窗

制作MTV流程

（1）软件工具的准备：PhotoShop、Flash和超级录音机（用来剪辑过长的mp3）。

（2）动画素材的准备：

①背景音乐：如果太长或重复，可以利用“超级录音机”或其他的音乐处理软件进行处理。

②故事情节：根据《宁夏》歌词的含义：在一个宁静而优美的夜晚，对曾经去过的城市及友人的怀念情怀，以一个人的相思和想念为线索而展开各种回忆的情景。

③动画形象：设计两个年轻人，以一个女孩的相思为线索，引出友人的各种形象。

（3）具体制作：一般用两个场景来制作，一个场景制作下载信息，如loading；另一个场景编辑动画部分。

（4）MTV影片发布：利用Flash CS3的“动画发布”功能进行。

任务三　情人节贺卡——动画短片制作

任务概述

想在节日里发一张动漫贺卡给好友吗？想在朋友的特别日子里送上祝福吗？本任务通过“情人节贺卡”实例，讲述Flash CS3制作电子贺卡的方法和技巧。

实例欣赏

打开“素材\模块九\爱情贺卡.swf”，欣赏动感十足的情人节贺卡动画，如下图所示。

本案例适用范围

卡通节日贺卡制作、动画片角色设计、动漫环境制作等。

操作步骤：

（1）新建一个Flash文档，大小设置为400*300像素，帧频为25fps。

（2）环境元件制作

①新建一个“树”的影片剪辑元件，在该元件中制作如右图所示的树。

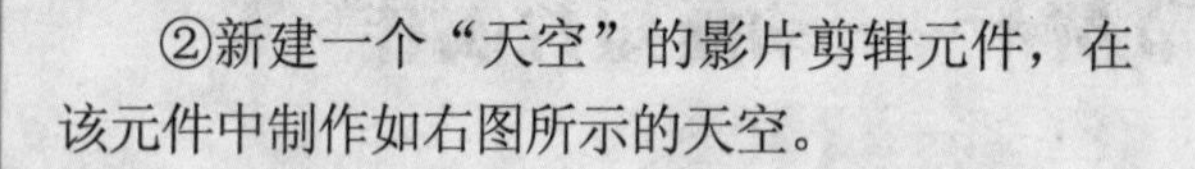

②新建一个“天空”的影片剪辑元件，在该元件中制作如右图所示的天空。

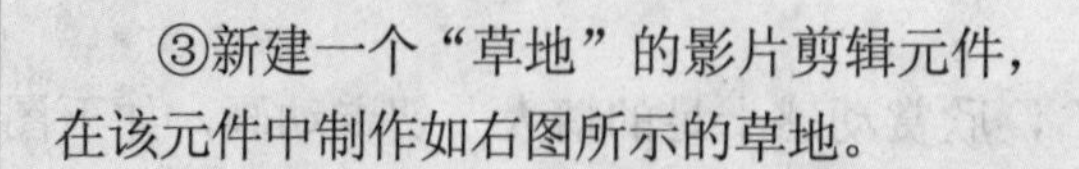

③新建一个“草地”的影片剪辑元件，在该元件中制作如右图所示的草地。

④新建一个“bg1”图形元件，在将“树”、“天空”和“草地”元件拖入到bg1元件中，组合成如右图所示图形。

⑤新建一个名为“bg2”的图形元件，在该元件中绘制如右图所示的图形。

（3）角色元件的制作

①新建一个“吹泡泡”的图形元件，进入元件编辑界面，新建5个图层，依次命名为：“手臂”、“头发1”、“头”、“身体”、“头发3”和“头发2”，将各部分别绘制，如下图所示。

②制作眨眼动作。将各层对象分另转换为元件后，双击女孩的头进入该元件的编辑界面，制作眨眼动作。新建一层命名为“眼睛”，在眼睛层的第1帧、第10帧和第24帧上的图形如下图所示。

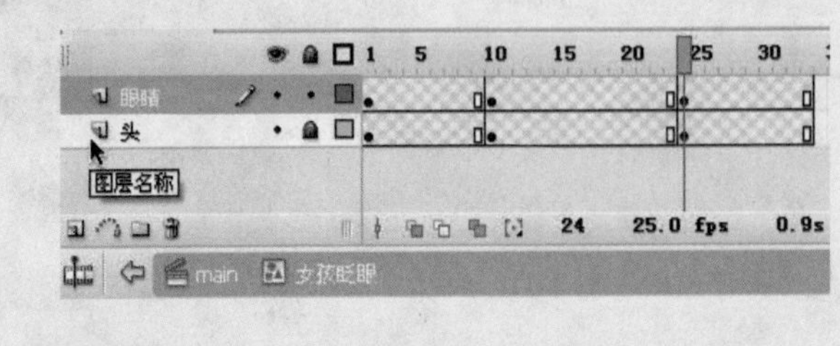

③制作头发飘动效果。根据示意图的制作原理，在头发2元件的编辑界面中逐帧绘制头发飘动的动画效果，如下图所示。

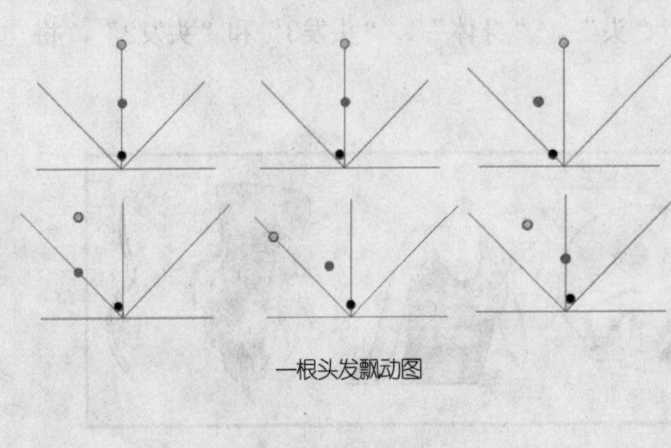
一根头发飘动图

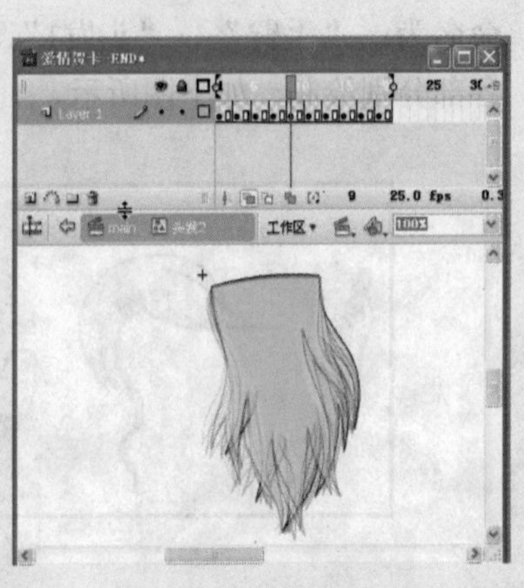

④制作身体的动作。在吹泡泡元件的编辑界面中的各图层的第11、24、33帧处插入关键帧，在第50帧处插入一普通帧。在第11帧处调整身体层、手臂层的位置和头层的位置，并调整眼睛为闭着状态；在第24帧处调整眼睛为睁开状态，头部保持11帧的状态。在各图层的第1～11帧，第24～33帧创建运动补间动画，如下图所示。

第1帧和第33帧动作

第11帧动作

第24帧动作

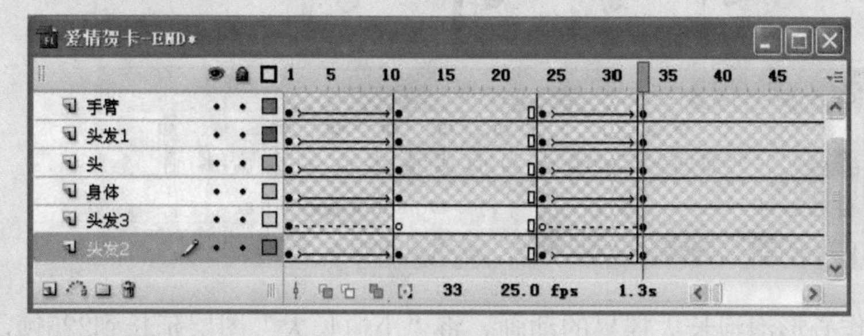

⑤制作泡泡被吹出来的过程。在“手臂”层上新建一个图层，命名为“泡泡”。在其第13帧处插入空白关键帧，在女孩吹泡泡处画一黑边线红色填充的椭圆，选中椭圆，将其转换为元件，命名为“泡泡升高”，双击它进入编辑界面，逐帧绘制泡泡被吹出来的过程动画，共14帧，如下图所示。

⑥制作泡泡升高的动画。在第15帧处插入一个空白关键帧，绘制一个心形泡泡，然后将其转换为元件，制作其上升的动画。至此元件“吹泡泡”的制作完成，如下图所示。

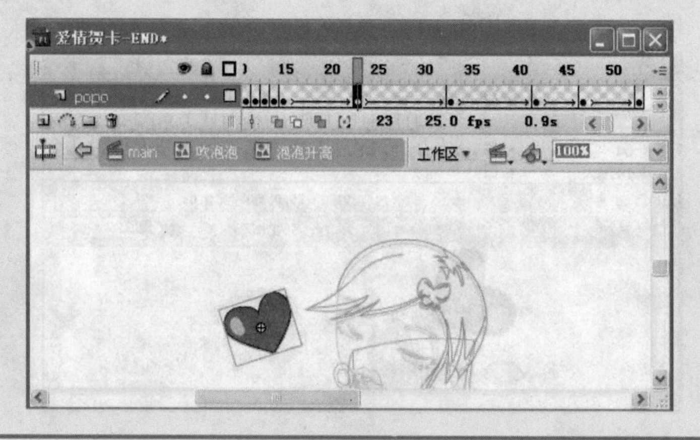

（4）小树长大的制作

①按Ctrl+F8键新建一图形元件，命名“小树长大”，确定进入编辑界面。在舞台上用间隔2帧的方式逐帧绘制小树长大的动画过程，共14个关键帧，如下图所示。

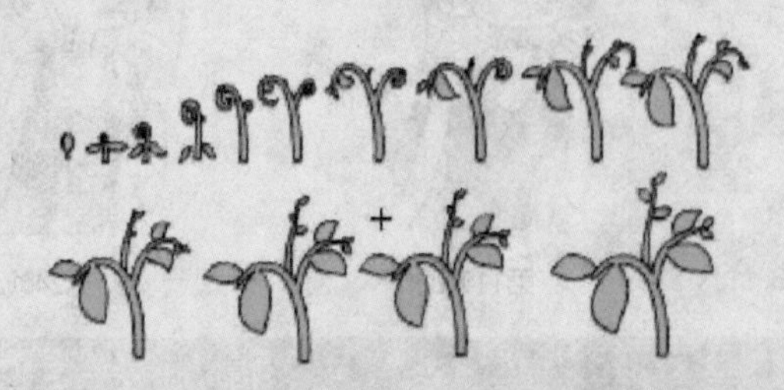

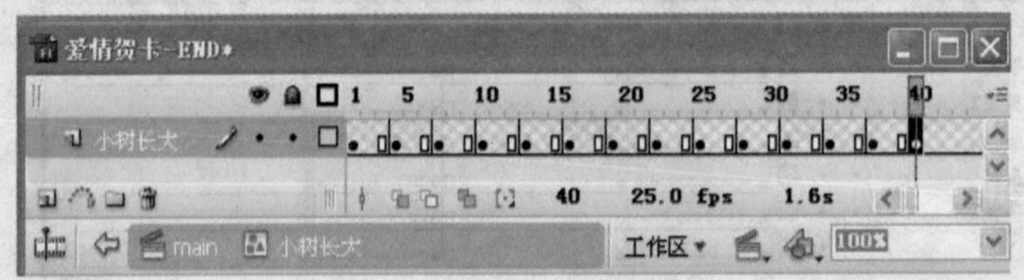

②制作心形泡泡长大摇晃的动画。将“小树长大”图层延长到225帧，然后新建一层，命名为“心1”；在第44帧处拖入“泡泡”元件，制作心形泡泡长大并摇晃的动画，时间轴如下图所示。

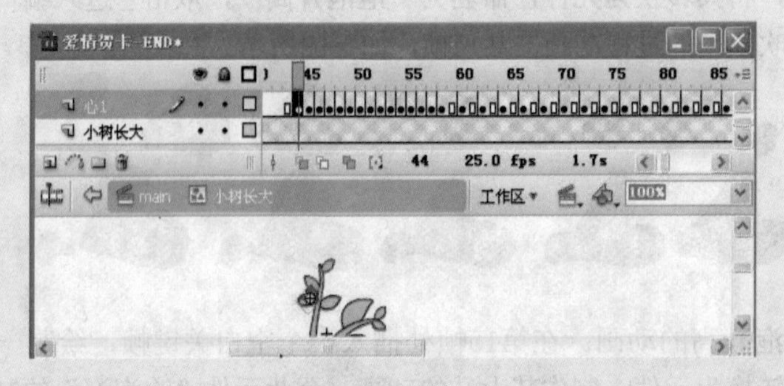

③用同样的方法制作另一个心形泡泡的长大摇晃动画，完成后的时间轴如下图所示。

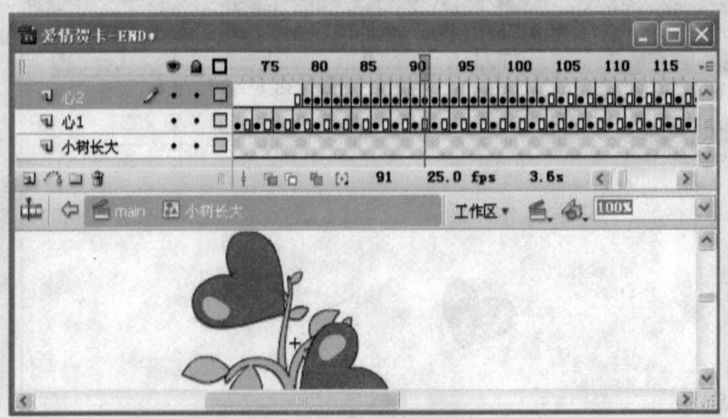

注意

用同样的方法制作其他分镜头中的元件，以参考本书配套光盘中的资料。

（5）整合动画

所有素材和元件制作完毕后，就可以根据脚本分镜头将各种素材组合起来，形成一部完整的动画。本例的具体操作如下：

①合成分镜1。锁定并用轮廓模式显示“取景框”层，然后新建一图层，命名为“背景”，把bg1从“库”面板中拖到舞台中，居中对齐；再建一层，命名为“女孩”，将元件“吹泡泡”拖入舞台，如右图所示。

②分别在“背景”层和“女孩”层的第95插入关键帧，将第1帧的实例放大到125%，然后在第1～95帧创建运动补间，制作女孩离镜头越来越远的效果。放大第1帧实例如右图所示。

③合成分镜2。在背景层的第96～267帧插入关键帧，将第96帧和第267帧的实例bg1向下移动一段距离，后者移动的距离要大些，然后创建两帧之间的补间动画。

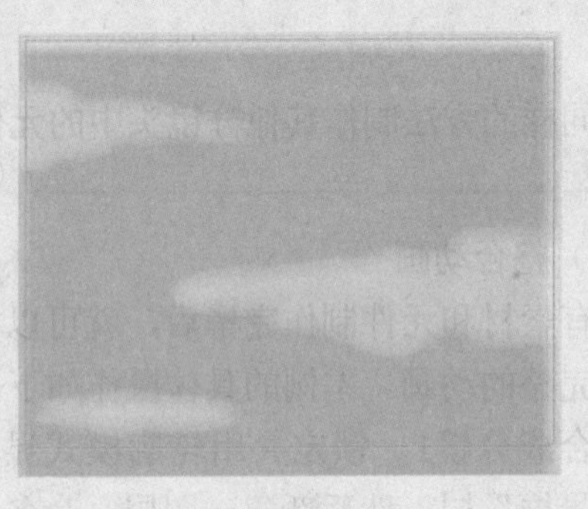

第96帧　　　　第267帧

④在“女孩”层的第96帧插入空白关键帧，从库中把元件“女孩坐泡泡飞”插入舞台，放在如下图所示的位置。

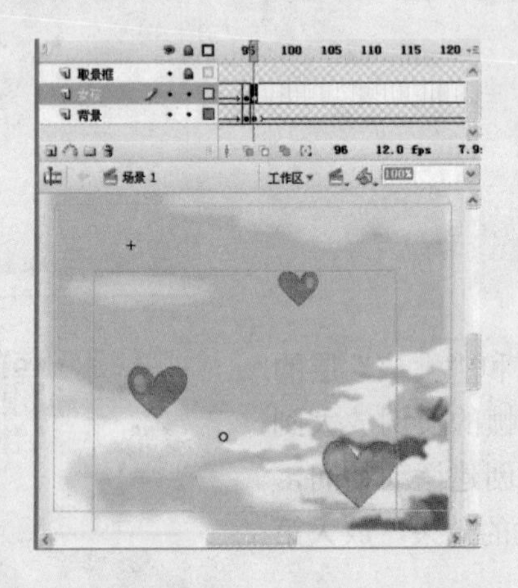

⑤合成分镜3。在“背景”层的第268帧插入关键帧，在“女孩”层的第268帧插入空白关键帧，将元件“女孩吹散泡泡”拖入舞台，放在如下图所示位置。

⑥在“背景”层的第340帧插入关键帧，将背景向上移动一小段距离，然后在之间创建背景慢慢上移的补间动画。

⑦合成分镜4。在“背景”层和“女孩”层的第341帧处各插入一个空白关键帧，分别将元件“天空”和“种泡泡”插入舞台，放到相应图层上，然后将所有图层延长至第641帧。

⑧合成分镜5。用同样的方法，分别在“背景”层和“女孩”层的第642帧处各插入一个空白关键，将bg5和“女孩抬头看天”拖入舞台，并将实例“女孩抬头看天”等比例缩小到54%，如下图所示。

⑨分别在“背景”层和“女孩”层的第710帧插入关键帧，然后将第642帧的实例bg5等比例放大到308%，将“女孩抬头看天”等比例放大到167%，然后在两帧之间创建运动补间动画，制作画面慢慢推远的效果。

⑩添加声音和按钮。我们可以用前面介绍的方法为动画添加上声音和按钮，将声音修改为“数据流”模式，时间轴如下图所示。

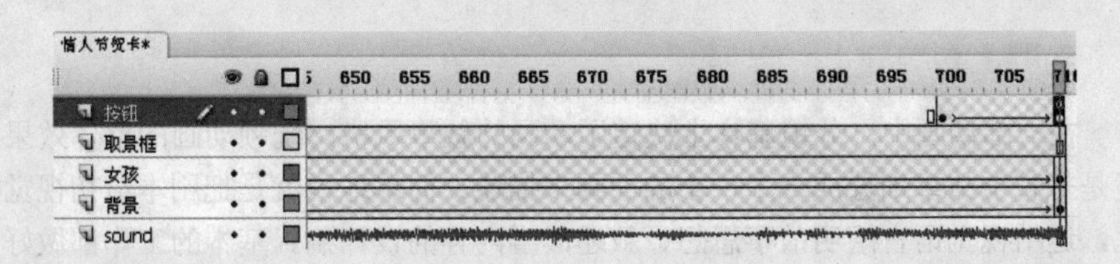

⑪保存文件，按Ctrl+Enter键观看效果。

知识窗

动画短片设计流程

1.创意与构思

在制作之前得确定“主题”，然后再根据主题去创意和构思。“创意”是动画的灵魂。春天播种，秋天收获，爱情也是这样。为了表现贺卡的主题——爱情，作者想到了这样一个情节：一个女孩子在吹泡泡，出乎意料的是吹出来的泡泡变成了一颗颗象征爱情的红心；红心飘向天空种在草地上，从草地上长出几棵小树，小树长大结出爱的果实——红心，最后红心汇集成一颗大的心，出现主题文字“I LOVE YOU”，女孩抬头望天空，展望幸福美好的未来。

2.人物设定

根据剧情将贺卡的人物设定为一位清纯漂亮的女孩。

3.脚本与分镜

在一部动画中，分镜基本上决定了动画的叙事风格，统领动画的整体效果。分镜是把整个故事细分成一个一个的面画来描述。简单地说就是把剧本最初视觉效果化，运用视觉语言阐明故事思想、叙述故事内容的设计稿。基本的工作都做好了后就可以在纸上或Ｆlash软件中画出初期的分镜，以确定动画的整个框架。

本短片的分镜可以设计如下：

分镜 1：时间3.8 s
近景：少女吹泡泡

分镜2：时间6.8s
中景：少女坐在一个大泡泡上飞向天空

分镜3：时间3s
近景：少女对着镜头吹泡泡

分镜4：时间12s
中景：天空的心形泡泡落地发芽开花

分镜5：时间7.4s
远景：地面生出一片心形玫瑰。

4.场景的绘制

有了分镜后，所有的人物动作、背景画面就可以定形了。

5.元件的制作

短片中的各种元件，如人物、小树、小树长大、泡泡。
最后根据分镜要求组装动画。

任务四　公益广告——水是生命之源

模块综述

爱老人，保护生态环境，讲文明树新风是我们社会的美德。本任务通过讲述珍惜水资源为主题的公益广告的制作流程，向同学们展示公益广告的制作方法。

实例欣赏

打开“素材\模块九\水是生命之源.swf”，你将欣赏到一个节约用水的公益广告，如下图所示。

本案例适用范围

公益广告制作、创意动漫设计、动漫角色设计等。

操作步骤

（1）新建文件，设置场景大小400像素*350像素，背景为白色，默认帧速。

（2）新建图形元件“标志”，在该元件的编辑窗口中，利用“椭圆”工具、“铅笔”工具和“箭头”工具画一个如右图所示的标志图形。

（3）新建影片剪辑元件“标题”

①更改背景为蓝色，输入文字“水是生命之源”，字体为华文行楷，粗体，大小20，颜色白色，分离两次文字。

②新建图层2，复制图层1的文字，粘贴到原位置，更改文字颜色为黑色。

③新建图层3，绘制一个如右图所示的图形。

④将第③步的图形放于文字左方，在第20帧处插入关键帧，并将此图形移动至文字右方，创建第1～20帧的运动补间动画。

⑤选择图层3，右键点选“遮罩层”，为文字创建遮罩效果，背景色变回白色。

（4）回到主场景，命名当前图层为“边框及标题”，在场景的下方画出一块黑色边框，在方框上放置“标志”及“标题”元件，位置排列如下图所示，在第1 300帧处插入帧。

（5）新建图形元件“水龙头1”，先利用“直线”工具和“箭头”工具画出水龙头外形轮廓，再用“直线”工具添加正面视觉轮廓，如下图（a）所示；再按下图（b）所示填充颜色，去掉内部棱角处的线条。

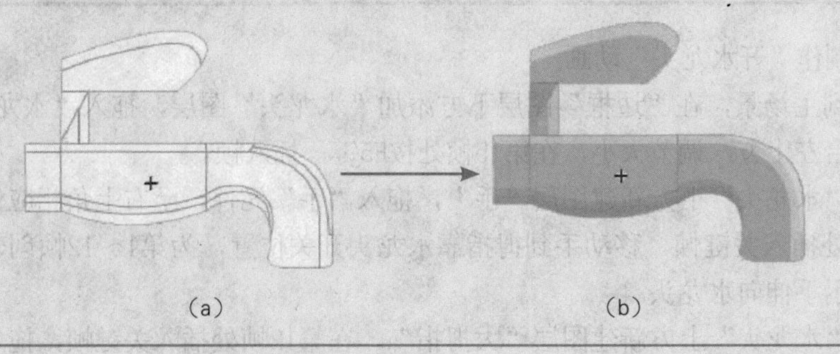

（a）　　　　（b）

（6）新建图形元件“水龙头2”，拖入“水龙头1”，按Ctrl+B键打散元件，结合Shift键选择水龙头开关处，然后旋转10°，再调整到合适位置，以示按下龙头开关，如下图所示。

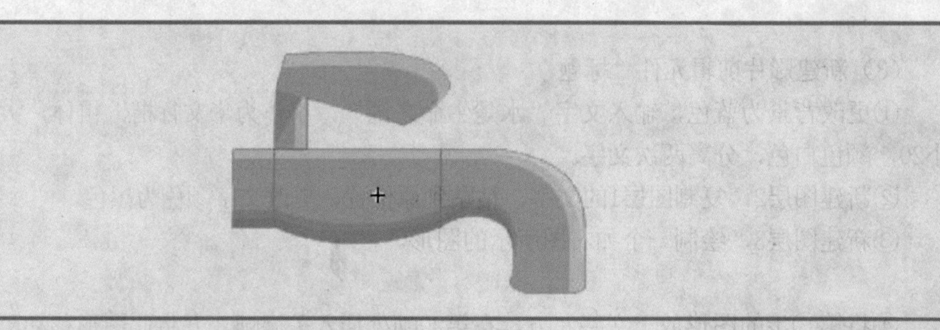

（7）新建图形元件“手”，按照下图（a）绘出手形、指拇、指甲等形状，再如下图（b）填充颜色。手正面皮肤主色值为“#FFE8D0”，手皮背光颜色值为“#FFCC99”，大拇指甲侧面值为“#FFF1E1”，其余指甲颜色值为“#FFF8F0”，删除多余辅助线条。

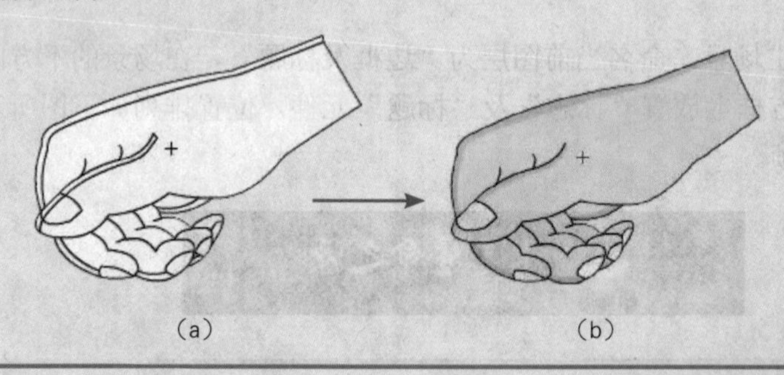

（a）　　　　　　　　（b）

（8）“手”元件中，在大拇指关节处添加一条直线，利用Shift键选择大拇指的所有部分，鼠标右键选择“转换为元件”，命名为“大拇指”图形元件。

（9）制作“开水龙头”动画

①回到主场景，在“边框”图层下方添加“水龙头”图层，拖入“水龙头1”元件到舞台左上方，调节大小，在第15帧处按F5键，插入帧。

②在“水龙头”下方新建图层“手”，拖入“手”元件，至右上角相应位置，在第12帧处插入关键帧，移动手到拇指靠水龙头开关位置，为第1～12帧创建运动补间，以示手伸向水龙头。

③在“水龙头”上方新建图层“大拇指”，在第12帧处插入关键帧，拖入“大拇指”元件，与“手”图层中的大拇指完全对齐。

④分别在“手”、“水龙头”和“大拇指”图层的第16帧处插入关键帧。

⑤在“水龙头”图层第16帧处选中元件，鼠标右键选择“交换元件”，点选元件名“水龙头2”。

⑥选中“大拇指”图层，向下微移，紧挨开关，选中“手”图层，向下微移，与大拇指结合。

以上各步完成如下图（a）到下图（b）的转换过程。

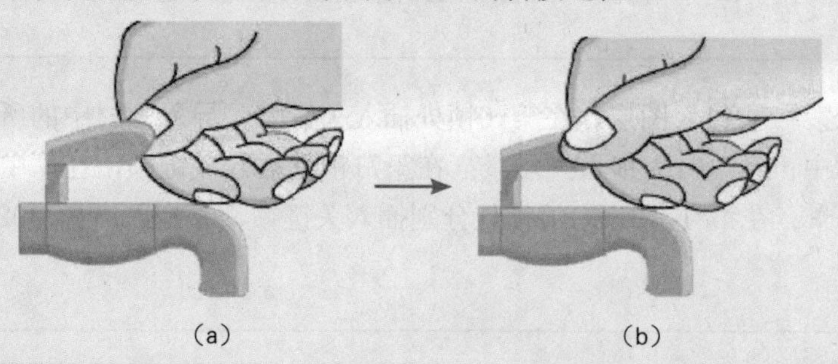
（a）　　　　　　　　（b）

（10）制作“流水”元件

①新建影片剪辑元件“水”，在当前图层画一条形蓝色矩形的水柱，颜色值为“#66CCFF”，延长至第5帧。

②新建图层2，画出3根白色垂线，以矩形底端对齐，上端由低到高排列。

③新建图层3，在第1帧画一白色小矩形，上下两边调整为弧线，以示流水效果，在第3和5帧处插入关键帧，添加第1帧相同图形，并分别以白色和淡蓝色（值为#CAF2FF）交叉排放，调整好位置，如下图所示。

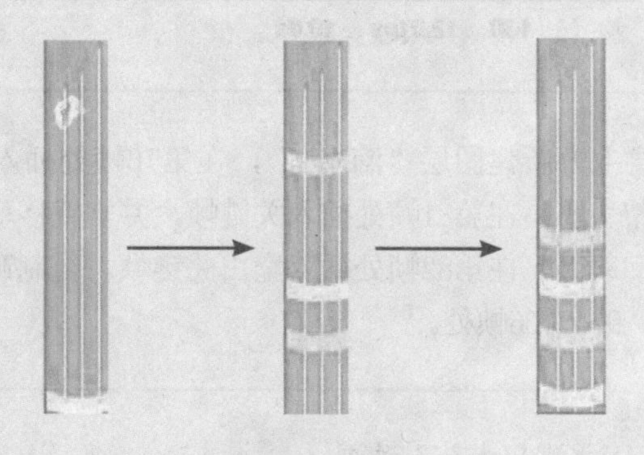

（11）制作“水龙头流水”动画

①回到主场景，在手的下方新建图层“水”，在第16帧插入关键帧，拖入“水”元件，放置到水龙头流水口，延长至第70帧。

②选中“手”图层，在第70和85帧处插入关键帧，选中第85帧处的元件，往右上移出舞台，表示手离开龙头。给第70～85帧创建动画补间。

③在“水龙头”图层的第71帧插入关键帧，选中该元件，右键选择“交换元件”，选中“水龙头1”。在第106、120帧处插入关键帧，移动第120帧处水龙头至场景顶部外面，为第106～120帧创建运动补间动画。

④在“大拇指”图层的第70和85帧处插入关键帧，选中第85帧处元件，同“手”图层的元件移动位置结合，为第70～85帧创建运动补间动画。

⑤分别在“手”和“大拇指”图层的第86帧处插入空白关键帧。

（12）新建“声音1”图层，在第16帧处插入关键帧，导入素材中的所有声音文件，选择库中声音“01”拖入到场景；在第71帧处插入关键帧，在库中拖入声音“02”到场景；在第81、91和101帧处分别插入关键帧，并拖入声音“02”到场景中。

（13）选择“水”图层，在第71帧处插入关键帧，画出水滴形状，无笔触色，放射状填充，白色与淡蓝色组合，左色标值为白色，色标值为“#C8E3FF”，利用渐变填充工具调整颜色位置，并移到水滴到龙头口。在第76帧插入关键帧，调整水滴变形，如下面左图所示，为71～76创建形状补间；在第77帧插入空白关键帧。复制第71～77帧，鼠标右键分别粘贴帧至第81、91、101帧处，如下图所示。

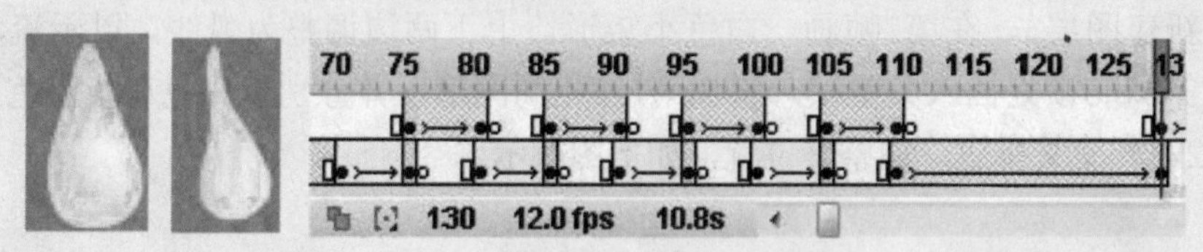

（14）在“水”图层上方新建图层“滴水1”，在第76帧处插入关键帧，复制第71帧处水滴形状，调整大小，在第81帧处插入关键帧，并垂直移动形状至场景下方，为76～81帧创建补间动画，在第82帧处插入空白关键帧。复制76～82帧，鼠标右键分别粘贴帧至第86、96、106帧处。

（15）制作“水滴落下水溅起水花”动画

①复制“滴水1”图层的第76～81帧，在“水”图层第111帧处粘贴帧，并拖动第116～130帧，表示水滴速度减慢。

②选中“滴水1”图层，复制第76帧处的图形，粘贴到第130帧处，放置到场景顶端左边，与前面水滴位置垂直在一条线上。

③在第155帧处插入关键帧，将水滴图形垂直下移场景左下方，为第130～155帧创建动画补间。在156帧处插入关键帧，对水滴进行变形，颜色仍为放射状白色到淡蓝色。

④用“椭圆”工具绘出水花，颜色值为“#DEEEFF”。在第157帧处插入关键帧，水滴颜色为淡蓝色，Alpha值为“40%”。

以上各步完成如下图所示动画。

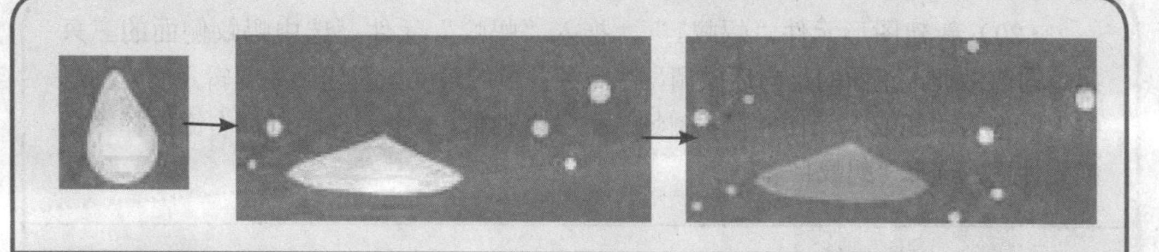

（16）新建图形元件“地水”，用“铅笔”工具绘制如下图（a）所示封闭弯曲线条，共3层，填充颜色由内到外，第1层色值为“#D7EBFF”，第2层色值为“#C8E3FF”，第3层色值为“#BBDDFF”，删除线条。在“滴水1”上方新建“地水”图层，在第157帧处插入关键帧，插入“地水”元件，调整位置到与前面水滴溅花的位置。在第158帧处插入关键帧，调整第157帧元件Alpha值为“30%”，在第300帧处插入关键帧，最后效果如下图（b）所示。

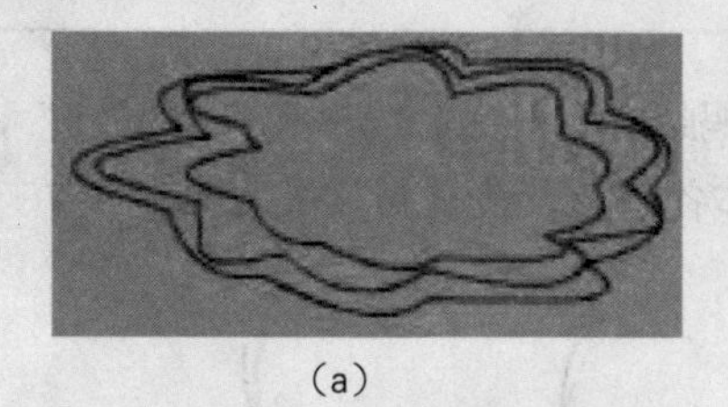

（a）

（b）

（17）在“地水”上方新建图层“水滴2”，在第158帧处插入关键帧，复制“滴水1”图层第130帧处元件，粘贴到第158帧当前位置（快捷键Ctrl+Shift+V）；在第165帧处插入关键帧，并移动水滴到地水中心位置。复制“滴水1”图层的第156、157关键帧，粘贴帧到“滴水2”图层的第166、167帧，在第168帧处插入空白关键帧。复制第158～168帧，粘贴到当前图层第175、193、210、228、245、260、275、290帧处，表示水滴不断。

（18）新建“声音2”图层，在第155帧处插入关键帧，拖入库中声音“03”。同样在第165、182、200、217、235、252、267、282、297帧处插入关键帧，并加入声音“03”。

（19）新建图形元件“蚂蚁”，先画出蚂蚁轮廓如下图（a）所示，颜色放射状，头胸和腹部为深灰色到黑色，眼睛为黑色到浅灰色放射状填充。选中蚂蚁所有脚和触，在“属性”面板调整笔触高度为“3”，正面三只足和一只触为深灰色，剩下的足和触为黑色，最后效果如下图（b）所示。

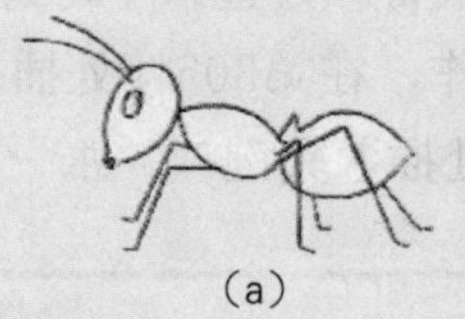

（a）

（b）

（20）新建图形元件“蚂蚁1”，拖入“蚂蚁”元件，选中蚂蚁侧面的三只足，向前微调，正面的足向后微调，注意各关节的角度。新建影片剪辑元件“动蚂蚁”，拖入“蚂蚁”元件，在第3帧处插入关键帧，选中元件，鼠标右键选择“交换元件”，选择“蚂蚁1”。

（21）回到主场景，在“滴水2”图层上方新建“蚂蚁1”图层，在第189帧处插入关键帧，拖入“动蚂蚁”元件到右边场景外，在第235帧插入关键帧，选中元件水平移动到“地水”元件边，在第236帧插入关键帧，交换元件为“蚂蚁”。分别在第240、241、242帧处插入关键帧，选中第241帧处元件，利用“任意变形”工具移动注册点到右下角，旋转2°。复制第240～242帧，粘贴到第252帧和第267帧处，表示蚂蚁嗅到了水的味道。

（22）新建图形元件“蚂蚁2”、“ 蚂蚁3”、“蚂蚁4”和“ 蚂蚁5”，如下图所示，利用“蚂蚁”元件，调整其身体各部分，变化成喝水动作，并在“蚂蚁2”、“ 蚂蚁3”中画出水珠。

（23）回到主场景，选择“蚂蚁1”图层，在第270帧处插入关键帧，拖入“蚂蚁2”元件，放置到如下图（a）所示位置，在第275帧处插入关键帧，拖入“蚂蚁3”，调整位置如下图（b）所示。复制第270帧粘贴到第280帧，复制第275帧粘贴到第285帧处。在第286、291帧处插入空白关键帧，分别拖入“蚂蚁4”、“蚂蚁5”元件，调整到适当位置。

（24）在“蚂蚁1”图层第298帧处插入关键帧，拖入“动蚂蚁”，与“地水”平行，并调整方向头部向右，以示转身动作，在第305帧处插入关键帧，水平向右移动蚂蚁至场景右侧，在第321、340帧处插入关键帧，水平向右移到场景外，

为298～305、321～340帧创建运动补间动画。在第345帧处插入关键帧，拖入动蚂蚁置于场景外左边，在第366帧处插入关键帧，移动元件到场景中间，创建第345～366帧的运动补间动画，在第376帧处插入关键帧。

（25）新建“小水滴1”在“蚂蚁1”图层上方，在第286帧插入关键帧，绘制水滴如下图（a）所示；在第291帧处插入空白关键帧，绘制水滴如下图（b）所示，为第286～291帧创建形状补间，两关键帧处水滴放于与“蚂蚁1”图层的蚂蚁嘴相应位置。在第298帧处插入关键帧，绘制水滴如下图（c）所示；在第305帧处插入关键帧，移动水滴。在第321、340帧处插入关键帧，移动第340帧处水滴；在第345、366帧处插入关键帧，分别移动水滴；为第298～305、321～340、345～366帧创建动画补间。其中第298～366各关键帧处的水滴与“蚂蚁1”图层的蚂蚁嘴相应位置。

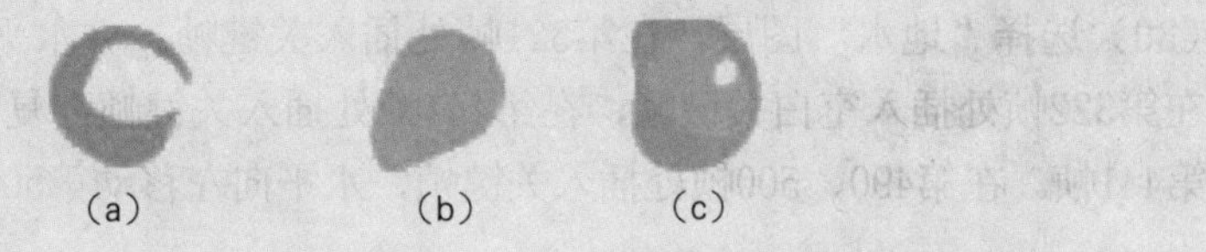

（a）　（b）　（c）

（26）新建“蚂蚁2”在“小水滴1”图层上方，在第366帧处插入关键帧，拖入“动蚂蚁”元件，置于场景外右边。在第376帧处插入关键帧，移动蚂蚁到场景中，与“蚂蚁1”图层中蚂蚁相向面对。为第376～376帧创建运动补间，在“蚂蚁1”图层第376帧调整蚂蚁的触角，如下图（a）所示。在“蚂蚁1”、“蚂蚁2”图层第380帧分别插入关键帧，分别如下图（b）调整两只蚂蚁触角。在“蚂蚁1”图层第385帧处插入关键帧，调整蚂蚁触角如下图（c）的左蚂蚁。

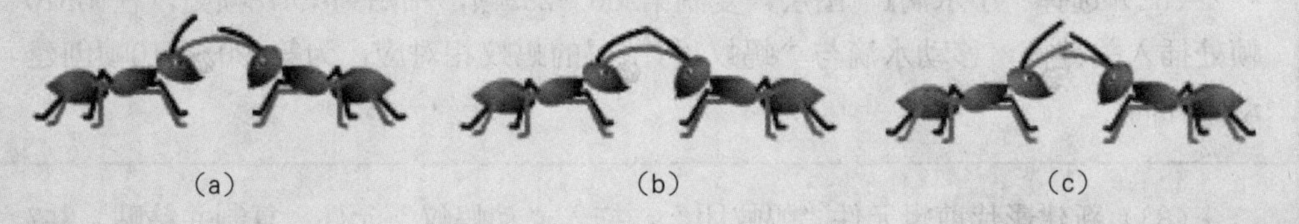

（a）　（b）　（c）

（27）在“蚂蚁2”图层第390、400帧处插入关键帧，如下图（a）、（c）调整蚂蚁变化。为“蚂蚁1”图层第395帧处插入关键帧，如下图（b）调整蚂蚁。

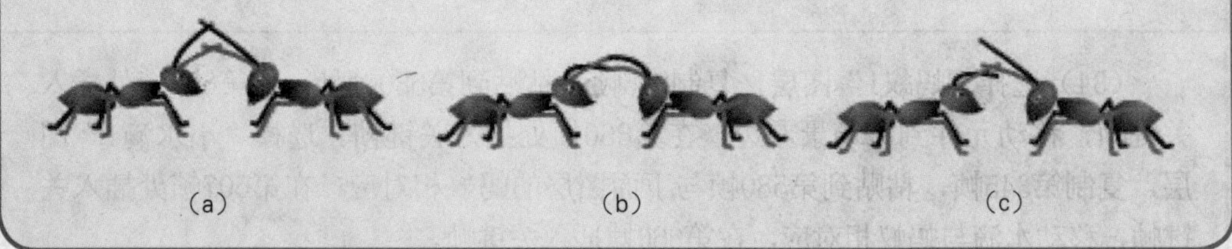

（a）　（b）　（c）

（28）在“蚂蚁1”图层第410帧处插入空白关键帧，拖入“动蚂蚁”与前一帧蚂蚁位置相同，在第440帧处插入关键帧，向右移动蚂蚁到场景外，为第410～440帧创建动画补间。同样的操作方法完成“蚂蚁2”图层第410～440帧蚂蚁向左移动到场景外的动作，在第441帧处插入空白关键帧。选中“小水滴1”图层，在第410、440帧处插入关键帧，移动第440帧处水滴与“蚂蚁1”图层的蚂蚁同步，为410～440帧处创建动画补间，在第441帧处插入空白关键帧。

（29）在“蚂蚁1”图层第441、462帧处插入空白关键帧，并复制第185和第235帧内容分别粘贴。复制第275～305帧，粘贴到第467帧处，拖动关键帧第497～510帧，并移动蚂蚁到场景外。

（30）选择“地水”图层，在第321帧处插入关键帧，并水平向左移动至场景外，在第322帧处插入空白关键帧，在第441帧处插入关键帧，复制第158帧内容粘贴到第441帧。在第490、500帧处插入关键帧，水平向左移动第500帧处，水流到场景外。

（31）选择“滴水2”图层，复制第158～202帧，粘贴帧到第441帧。选择“声音2”图层，复制帧165～216，粘贴到第448帧。选择“声音1”图层在第385帧处插入关键帧，插入库中声音“04”，在第1 190帧处插入关键帧，插入声音“05”，在第1 262帧处插入关键帧，再次插入声音“05”，拖长至第1 300帧。

（32）选择“小水滴1”图层，复制第286～299帧，粘贴到第478帧处，在第510帧处插入关键帧，移动水滴与“蚂蚁1”图层的蚂蚁相对应，为第490～510帧创建动画补间。

（33）新建影片剪辑元件“蚂蚁团”，拖入“动蚂蚁”元件，复制并粘贴，共7只，排列到一条线上，同方向。选择“蚂蚁2”图层，在第498帧处插入关键帧，拖入“蚂蚁团”到场景外右边，与“蚂蚁1”图层蚂蚁平行，并相对。在第580帧处插入关键帧，移动元件到场景外左边，为第498～580帧创建动画补间。

（34）选择“蚂蚁1”图层，复制345帧，粘贴到第580帧处，在第607帧处插入关键帧，移动元件到靠场景左边，在第660帧处插入关键帧。选择“小水滴1”图层，复制第345帧，粘贴到第580帧与下面图层的蚂蚁相对应，在第607帧处插入关键帧，移动水滴与蚂蚁相对应，在第660帧插入关键帧。

（35）新建图形元件“叶子1”，“直线”工具结合“箭头”工具绘出叶子外形，填充绿色到橘黄线情渐变色，左色标值为“#66CC66”，右色标值为“#FFE88C”，再绘制出叶茎，如下图（a）所示。新建图形元件“水1”，如下图（b）所示绘制，填充淡蓝色值为“#C4ECFF”，中间绘制白色光。

（a）（b）

（36）新建图形元件“叶子2”，在“叶子1”基础上截取如下图（a）所示部分，并调节叶茎。新建“叶中水”影片剪辑元件，在当前图层拖入“叶子1”元件，延长至第5帧。新建图层2，拖入“水1”元件到叶子中合适位置，在第5帧处插入关键帧，并调整水的形状。新建图层3，拖入“叶子2”元件放于“叶子1”与“水1”元件合适位置，最后效果如下图（b）所示。

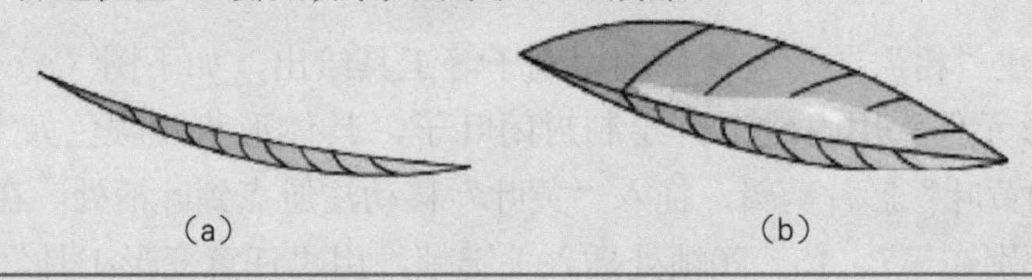

（a）（b）

（37）在“小水滴1”下新建“叶中水”图层，在第605帧处插入关键帧，拖入“叶中水”元件到场景外右边，在第660帧处插入关键帧，并水平移动元件到场景中，为第605～660帧创建动画补间。在第689、730帧处插入关键帧，水平右移第730帧关键帧元件到场景外，为689～730帧创建动画补间。

（38）选择“蚂蚁1”图层，在第684帧创建关键帧，水平向右移动蚂蚁到叶子中间，在第688帧处插入关键帧，向右下微移蚂蚁，在第689、730帧处插入关键帧，水平向右移动蚂蚁到场景外，为第689～730帧创建动画补间。

（39）选择“小水滴1”图层，在第666、680帧处插入关键帧，分别移动水滴顺流到叶中心动作，为第660～666、666～680帧创建动画补间。

（40）在“蚂蚁1”图层上方新建“蚂蚁3”，在第660帧处插入关键帧，拖入“动蚂蚁”元件到场景外左边，头向左，在第674帧处插入关键帧，水平向右移动元件，到叶柄处，如下图（a）所示，为660～674创建动画补间。在第675帧处插入关键帧，修改蚂蚁形状如下图（b）所示，在第689帧处插入关键帧，移动元件如下图（c）所示，在第730帧处插入关键帧，向右移动元件到场景外，为第689～730帧创建动画补间。

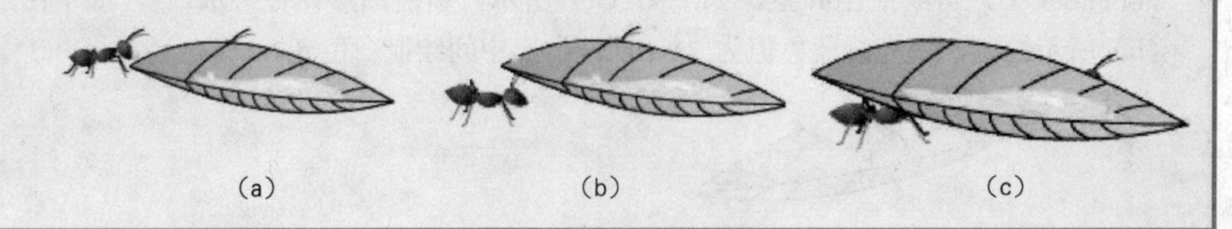

（a）（b）（c）

（41）在“小水滴1”图层上方新建“小水滴2”，拖入“小水滴”元件到第660帧处，置于场景外左边，与“蚂蚁3”图层蚂蚁位置相对应，在第674帧处插入关键帧，相同原理移动元件，为第660～674帧创建动画补间。在第680、685帧处插入关键帧，分别移动水滴顺流到叶中心动作，为第674～680、680～685帧创建动画补间，在第686帧处插入空白关键帧。

（42）新建“树”图形元件，利用刷子等工具绘出，如下图（a）所示，新建“黄叶”图形元件，用直线工具绘制封闭叶子，具体形状及颜色如下图（b）所示。新建“动黄叶”影片剪辑，拖入“黄叶”移动注册点到叶柄处，在第25帧处插入关键帧，分别在第7、15、20帧处插入关键帧，用“任意变形工具”左右微调旋位置，以示飘动，在第25帧处加入脚本：stop();。

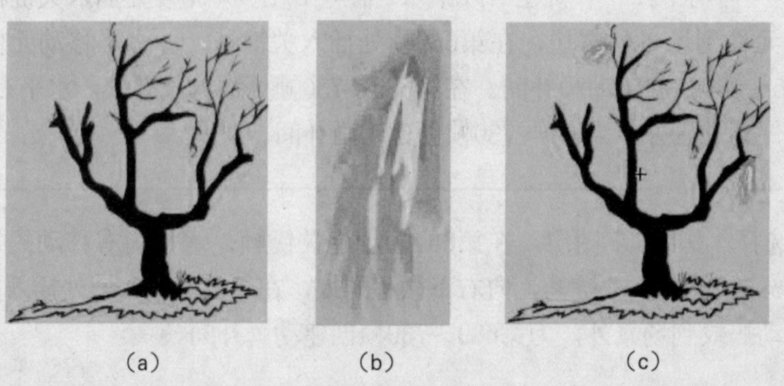

（a）（b）（c）

新建“枯树”影片剪辑元件，拖入“树”和“动黄叶”元件，调整叶子在树枝上的位置，如下图（c）所示。

（43）在“小水滴2”图层上方新建“枯树”，在第730帧处插入关键帧，拖入“枯树”元件到场景下方，Ctrl+T键放大元件到250%。在第795、820、904帧处插入关键帧，移动4个关键帧处元件，以表示树由下到上移动，直到视觉停留在根部。为第730～795、795～820、820～904帧创建动画补间，延长帧至第1 030帧。

（44）选中“叶中水”图层，在第905帧处插入空白关键帧，拖入“叶中水”元件于场景外左边，在第925帧处插入关键帧，水平移动元件到树根相应位置，如下图（a）所示，在第940帧处插入关键帧，选中“叶中水”元件调整注册点到叶尖，Ctrl+T键旋转5°，如下图（b）所示。在第941帧处插入关键帧，打散元件，并删除叶子中间的水，在第1 006、1 007帧处插入关键帧，旋转第1 007帧元件-5°，在第1 030帧处插入关键帧，选中元件更改Alpha值为“0%”，为第1 007～1 030帧创建动画补间。

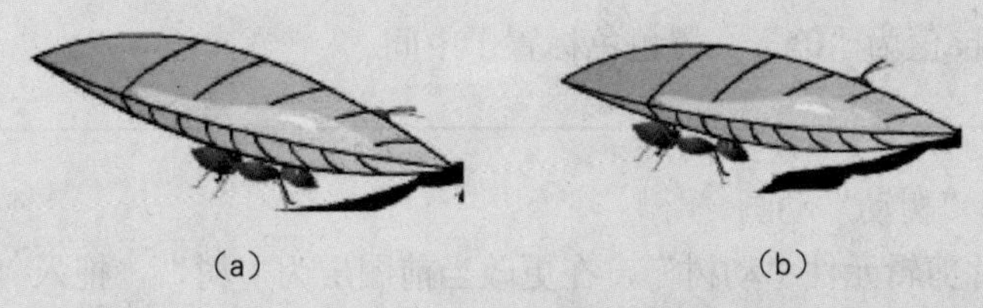

（a）　　（b）

（45）选中“蚂蚁3”图层，在第905帧处插入关键帧，拖入“动蚂蚁”元件到“叶中水”元件叶背左下。在第925帧处插入关键帧，水平移动元件到相应位置，为第905～925帧。在第940帧处插入关键帧，稍微向右移动蚂蚁。为第925～940帧创建动画补间。在第1 007帧处插入关键帧，旋转蚂蚁-5°，在第1 030帧处插入关键帧，设置元件Alpha值为“0%”，为1 007～1 030帧创建动画补间。

（46）选中“蚂蚁3”图层，在第905帧处插入关键帧，拖入“动蚂蚁”元件到“叶中水”元件叶背右下。在第925帧处插入关键帧，同“蚂蚁3”图层操作方法一样，完成移动蚂蚁及逐渐消失。

（47）选择“叶水”图层，在第941帧处插入关键帧，拖入“水1”元件，打散元件，分别在第980、1 025、1 040帧处插入关键帧，分别移动水元件由树叶流向树根的动作，各关键帧由原形变化如下图所示。为第941～980、980～1 025、1 025～1 040帧创建形状补间，第1 040帧元件Alpha值为“0%”。

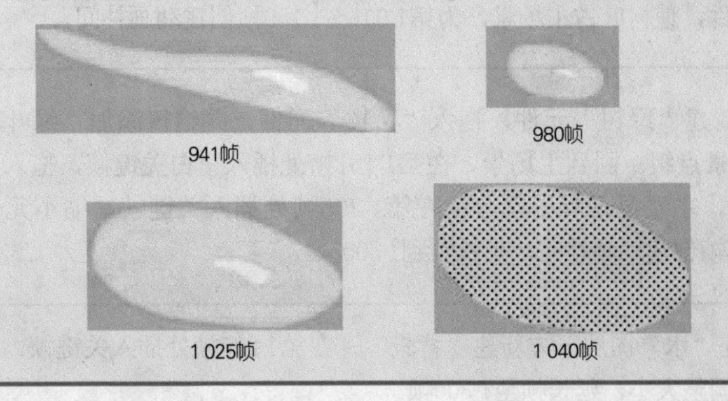

941帧　　980帧

1 025帧　　1 040帧

（48）新建图形元件“黄树”，拖入“枯树”元件，更改树的颜色为黄色，值为“#CCCC00”；新建“绿叶”图形元件，画出外形及叶内阴影部分，填充颜色，如右图所示。

（49）新建“光”图形元件，利用“椭圆”工具绘制圆圈，由黑色到白色放射渐变，白色Alpha值为“0%”，黑色色标置于中间。

（50）制作“树动”动画

①新建影片剪辑元件“动树”，在更改当前图层为“树”，拖入“树”元件，延长至120帧。

②新建图层命名“黄树”，拖入元件“黄树”，与“树”重合；新建“绿叶”图层，拖入“绿叶”，复制粘贴，直到树叶填满整棵树，调整部分树叶亮度值。

③新建图层“遮罩光”，拖入“光”元件，置于树根下部，在第120帧处插入关键帧，并放大元件，直至把整个树遮完，为第1～120帧创建动画补间。

④选择“遮罩光”图层，右键选择“遮罩层”创建遮罩，此时再把“黄树”图层拖入遮罩，让“遮罩光”罩住两个图层内容。

⑤新建图层“阳光”于“遮罩光”上方，利用“椭圆”工具，画出圆圈于遮罩光上部，填充浅蓝色（#D9F2FF）到白色渐变，白色Alpha值为“0%”；在第120帧处插入关键帧，移动光圈到树的顶部，为第1～120帧创建动画补间。

⑥在“树”图层第120帧处插入关键帧，并输入脚本：stop();。

（51）回到主场景，在“蚂蚁1”图层下方新建“树”，在第1 031帧处插入关键帧，拖入“动树”元件置于场景中，主要显示根部；在第1 150帧处插入关键帧，移动元件，使树叶占主场景，为第1 031～1 150帧创建动画补间。

（52）新建“绿树”元件，拖入“黄树”元件，并给树添加“绿叶”元件，适当加点背景点缀。回到主场景，在第1 151帧处插入空白关键帧，拖入“绿树”元件，放大，主要显示叶子部分；在第1 205帧处插入关键帧，缩小元件，为第1 151～1 205帧创建动画补间，延长帧到1 300帧。

（53）在“水”图层下方新建“背景”，在第1 205帧处插入关键帧，拖入“背景”图片，调整大小，延长帧至1 300帧。

（54）新建“字”图形元件，输入“请节约每一滴水”，颜色蓝色，大小30，字体为华文行楷。回到主场景，新建“字”图层，在第1 205帧处插入关键帧，在第1 225帧处插入关键帧，调整第1 205帧Alpha值为“0%”，为1 205～1 225帧创建动画补间，延长帧至第1 300帧。

（55）在边框图层的第1 300帧处插入关键帧，为帧输入脚本 “stop();”，选中标志影片剪辑，在属性栏改为按钮使用，在按钮下方输入文字“Replay”，并为按钮输入脚本：

```
on(press){
 stopAllSounds();          //停止所有声音
gotoAndPlay(1); }          //转到第1帧播放
```

（56）保存文件，命名为“水是生命之源”，按Ctrl+Enter键测试动画，效果如下图所示。

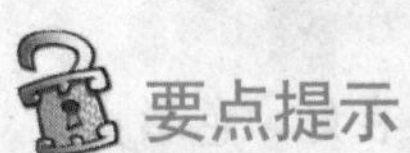

要点提示

公益广告制作流程

公益广告是一盏灯，用于提高大众思想意识，唤起人们内心的公德意识和行动信心，鼓舞人们采取行动，所以制作好公益广告社会意义重大。Flash公益广告的主要制作流程如下:

1.选材定题

收集一定的图片、声音、视频及文字等素材，结合实实在在的生活，所选用的题材要有可用性，最终确定题目。本实例选材于平常生活中人们应该节约用水。

2.构思

生活是气象万千的，观众的感受也是纷纭复杂的，构思上的雷同将会给人以厌倦之感。所以制作Flash公益广告的思维要不拘一格，有创意，可以用比喻、拟人、夸张或假借等手法去描述。

本例以水为主线，蚂蚁寻水、吃水、搬水，众多蚂蚁的力量救活了一棵枯树。小小蚂蚁都能做到不浪费水源，那我们人类举手之劳都可以办到的事何乐而不为呢？

（1）故事情节拟定（或简单剧本的撰写）。

（2）“演员”的确定。可以是人，动物，物体等，本例以自然界的蚂蚁为主角。

（3）分镜的确定，本例初步分镜如下：

分镜1：浪费现象——滴水

分镜2：蚂蚁闻水而来

分镜3：蚂蚁向伙伴报告情况

分镜4：蚂蚁搬兵队伍

分镜5：用树叶运输水源

分镜6：蚂蚁辛勤劳动换来生命的绿色

3.制作动画

根据前面的构思和收集的素材去完成，整个动画要完整流畅、视觉效果良好、色彩搭配合理、美观、界面友好。

（1）元件制作：把整个动画中需要的角色做成元件，如蚂蚁、水管、树等。

（2）场景布置：整个画面的格调，如大小、背景颜色等的制作。

（3）文字处理：公益广告中加上适当的广告词会起到画龙点睛的作用。

（4）合成动画：把前面的“零件”按主题思路有序组合。

4.修改

一个Flash公益广告制作完整后，需反复琢磨，谨慎修改，提高可用价值，让其效益发挥到最大化。

5.投入使用

目前，公益广告主要投放于电视、网络等宣传载体。

自我测试

1.自己上网收集素材，制作一个漂亮的时钟，可以显示时分秒。

2.自己在网上寻找素材，按任务二方法，制作一首“QQ爱”的MTV。

3.展开想象制作一个物体（可以是人物、动物、植物），给这个物体赋予生命，具有人的感情，使之运动起来，如走路、跳舞等。利用你所学的Flash CS3知识制作一个有意义的动画短片。